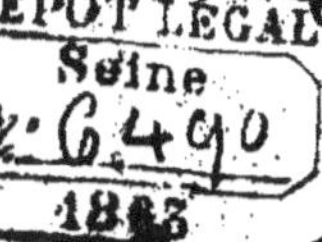

GUIDE PRATIQUE

POUR LES

MACHINES A VAPEUR VERTICALES

A CHAUDIÈRE NON TUBULAIRE

FIXES OU LOCOMOBILES

A pression de 5 à 6 atmosphères et à double effet

BREVETÉES S. G. D. G.

HERMANN-LACHAPELLE et CH. GLOVER

CONSTRUCTEURS

Rue du Faubourg-Poissonnière, 144

PARIS

IMPRIMERIE DE GEORGES KUGELMANN

13, RUE DE LA GRANGE-BATELIÈRE, 13.

—

1863

GUIDE PRATIQUE

POUR LES

MACHINES A VAPEUR VERTICALES

A CHAUDIÈRE NON TUBULAIRE

FIXES OU LOCOMOBILES

A pression de 5 à 6 atmosphères et à double effet

BREVETÉES S. G. D. G.

HERMANN-LACHAPELLE et CH. GLOVER

CONSTRUCTEURS

Rue du Faubourg-Poissonnière, 144

PARIS

IMPRIMERIE DE GEORGES KUGELMANN

13, RUE DE LA GRANGE-BATELIÈRE, 13.

1863

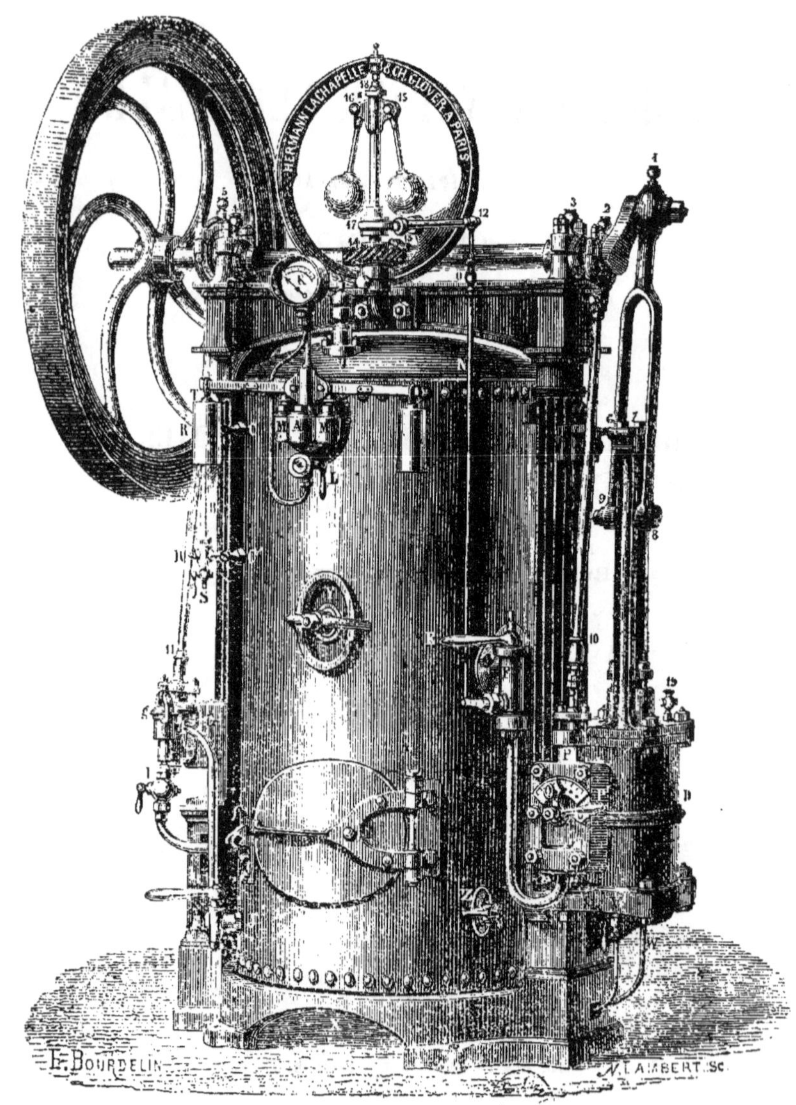

Figure 1.

FIGURE I

VUE DE LA MACHINE POURVUE DE TOUS SES ORGANES.

Chaudière.

A Bouchon à vis dans le support des soupapes de sûreté, servant à introduire l'eau dans la chaudière chaque fois qu'elle est vidée par suite du nettoyage ou pour tout autre motif.

B Tube jaugeur en cristal formant le niveau d'eau (l'eau en ébullition doit être toujours aux deux tiers de ce tube).

CC' Robinets fixés sur la chaudière et maintenant le tube B. Ces deux robinets doivent toujours rester ouverts ; on les fait jouer de temps à autre pour s'assurer qu'ils ne sont pas bouchés. Les deux petits bouchons qu'ils portent servent à nettoyer leurs conduits. (Quand le tube est cassé, il faut promptement fermer ces robinets pour arrêter l'échappement de l'eau et de la vapeur.)

RR' Petits bouchons servant à nettoyer l'intérieur des robinets du niveau d'eau CC'.

S Petit robinet placé sous le robinet inférieur C', servant à purger le niveau d'eau, et à s'assurer qu'il fonctionne bien.

T Bouchon de la cage supérieure du niveau d'eau. On l'ôte pour donner passage à un nouveau tube en verre lorsqu'on remplace un tube brisé.

MM' Soupapes de sûreté fixées sur un siége attenant à la chaudière. On doit s'assurer de temps à autre si ces soupapes ne sont pas colées, les tenir très propres et ne jamais surcharger leurs contrepoids.

U Sifflet. Il sert pour prévenir de la mise en marche et de l'arrêt de la machine ou à tout autre usage. (Il suffit de l'entretenir bien propre pour qu'il fonctionne régulièrement.)

K Manomètre indiquant la tension de la vapeur en atmosphères.

L Petit robinet-étalon servant à vérifier la sensibilité et le bon état du manomètre lors des visites des ingénieurs.

Y Gros tampon autoclave ou trou-d'homme servant à visiter l'intérieur de la chaudière et à opérer, conjointement avec les petits tampons autoclaves ZZ, son nettoyage intérieur ainsi que celui des bouilleurs.

ZZ Petits tampons autoclaves servant au nettoyage de la chaudière et des bouilleurs.

J Robinet servant à vider la chaudière et à intercepter sa communication avec la pompe G, lorsque l'on visite les clapets. Il doit toujours rester ouvert pendant la marche de la machine.

I Robinet d'alimentation amenant l'eau du bac H à la pompe. C'est en réglant l'ouverture de ce robinet que la pompe fournira plus ou moins d'eau dans la chaudière. Ce robinet doit être fermé tous les soirs.

F Robinet de mise en marche fixé sur la chaudière et contenant le papillon ou valve du régulateur.

E Poignée du robinet de vapeur pour la mise en marche ou pour arrêter complétement la machine.

Bâti

ISOLANT COMPLÉTEMENT LA CHAUDIÈRE.

Les pièces de bâti se distinguent assez en socle, colonnes et entablement pour n'avoir pas besoin d'être désignées. Il suffit, pour les réunir, de quatre boulons qui se trouvent placés au chapiteau et à la base des colonnes. Le cercle qui surmonte l'entablement porte le régulateur à force centrifuge ou modérateur à boules. L'arbre de couche est posé dans les paliers qui terminent les colonnes et au-dessus de l'entablement. A son extrémité droite, se trouve la manivelle recevant le mouvement de la bieille du cylindre, transmettant l'extrémité par sa bielle au tiroir ; et à gauche le collier a excentrique de la bielle de la pompe.

Mécanisme moteur

PORTÉ PAR LA COLONNE DROITE ET INDÉPENDANT DE LA CHAUDIÈRE.

D Cylindre à enveloppe à circulation de vapeur. Dans ce cylindre le piston joue sous la pression de la vapeur.

F Robinet de mise en marche et d'écoulement de la vapeur de la chaudière dans les organes du mouvement contenant la valve distributrice ou papillon du régulateur à force centrifuge.

N Tige transmettant le mouvement du régulateur au papillon. Il suffit de rallonger ou de raccourcir cette tige pour varier la vitesse de la machine.

O Douille à vis et à contre écrous servant à allonger ou à raccourcir cette tige.

P Boîte à vapeur dans laquelle fonctionne le tiroir.

P' Poignée sur la boîte à vapeur servant à régler la détente variable du tiroir de distribution de vapeur.

Q Petite vis sur l'aiguille de cette poignée servant à l'arrêter sur le point voulu du cadran indiquant le degré de détente.

V Petit robinet purgeur du cylindre D. On doit toujours l'ouvrir avant la mise en marche et le fermer après une ou deux minutes de fonctionnement. Le soir, il doit rester ouvert, ainsi que le robinet graisseur n° 10.

W Tuyau purgeur de l'enveloppe du cylindre D et de l'échappement de vapeur. Ce dernier doit cracher continuellement sous le cendrier.

Pompe alimentaire

PORTÉ PAR LA COLONNE GAUCHE.

G Pompe alimentaire fixée à la colonne gauche du bâti.

g Couvercle à vis permettant de visiter les clapets d'aspiration de la pompe. Il est très urgent que ces clapets soient toujours très propres.

H Réservoir placé sur le bâti derrière la chaudière contenant l'eau d'alimentation chauffée par la vapeur d'échappement. (On doit le tenir toujours plein d'eau, ce qui est facile au moyen d'une soupape à flotteur correspondant à un grand réservoir d'eau.)

I Robinet qui permet de régler la quantité d'eau aspirée par la pompe et refoulée par elle dans la chaudière. On doit le fermer tous les soirs.

J Robinet fixé sur la chaudière, ne servant qu'à visiter les clapets de la pompe en interceptant la communication de la pompe avec la chaudière. Un petit bouchon placé sur le côté sert à vider la chaudière complétement ou en partie quand on veut la laver sous pression. Il faut bien se pénétrer du jeu de ce robinet : si on le fermait quand la pompe fonctionne, on courrait le risque de faire crever le tuyau de refoulement ou de ployer la bielle qui donne le mouvement au piston de la pompe.

Coupe verticale de la chaudière.

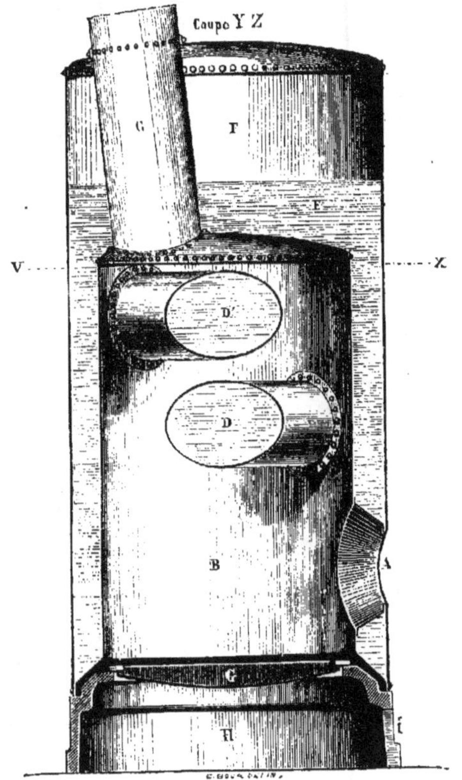

Figure 2.

A Porte du foyer intérieur par laquelle on introduit le combustible.

B Foyer intérieur dont la flamme chauffe directement les parois de la chaudière et les bouilleurs.

C Cheminée.

DD' Bouilleurs horizontaux offrant une grande surface de chauffe et remplissant le rôle des tubes, dans le système des chaudières tubulaires, sans présenter aucun de leurs inconvénients.

E Eau remplissant la chaudière jusqu'au niveau voulu.

F Réservoir de la vapeur.

G Grille sur laquelle brûle le combustible et qu'il faut avoir soin de débarrasser des cendres et des scories qui nuiraient au tirage.

H Socle et cendrier du foyer intérieur.

I Ouverture du cendrier.

TABLEAU *des dimensions des Chaudières verticales, suivant leurs numéros ou leur force.*

Timbre 5 atmosphères

NUMÉROS DE LA CHAUDIÈRE ou FORCE MAXIMUM DE LA MACHINE en chevaux-vapeur		4e CATÉGORIE (Loi de 1843)				3e CATÉGORIE (Loi de 1843)	
		n° 1	n° 2	n° 3	n° 4	n° 5	n° 6
Corps de la chaudière	hauteur totale. . .	m 1.020	m 1.240	m 1.390	m 1.530	m 1.680	m 1.800
	diamètre extérieur.	0 500	0.640	0.760	0.850	0.920	1.000
Foyer	hauteur totale. . .	0.730	0.880	1.020	1.100	1.160	1.300
	diamètre moyen. .	0.400	0.530	0.630	0.720	0.790	0.840
Bouilleurs	nombre.	1	2	2	2	2	2
	diamètre.	0.170	0.160	0.200	0.240	0.260	0.280
	longueur.	0.400	0.530	0.630	0.720	0.790	0.840
Cheminée	hauteur.	0.300	0.350	0.370	0.420	0.440	0.480
	diamètre	0.150	0.170	0.180	0.200	0.200	0.220
Capacité totale.		0m³107	0m³170	0m³337	0m³455	0m³576	0m³678

Coupe VX ou horizontale de la chaudiere.

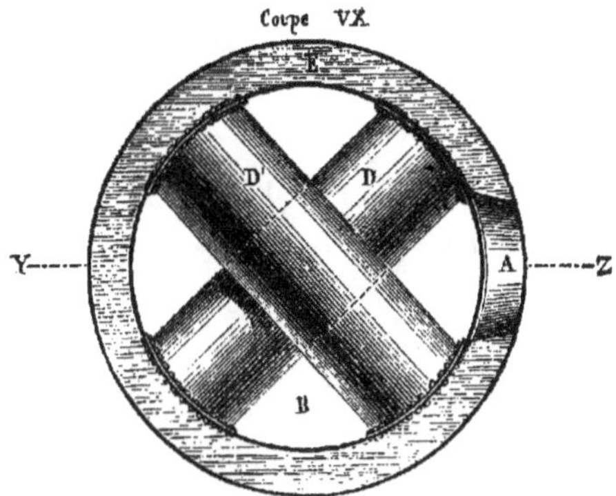

Figure 9.

A Porte du foyer intérieur.
B Foyer intérieur.
DD' Bouilleurs horizontaux.
E Eau garnissant la chaudière et enveloppant le foyer.

Nota. Cette figure et la figure n° 2 servent à dresser les dessins géométriques de la chaudière qui doivent accompagner la demande en autorisation.

MODÈLE DE DEMANDE D'AUTORISATION

QU'ON N'AURA QU'A COPIER, A REMPLIR ET A ENVOYER

A le 186

M(*a*) demeurant à
à Monsieur le Préfet de

Monsieur le Préfet.

J'ai l'honneur de vous demander l'autorisation d'établir une machine à vapeur dans mon (*b*)
sis à (*c*) commune de
arrondissement de

Cette machine de la force de (*d*) chevaux-vapeur, fera mouvoir (*e*) et sera alimentée par une chaudière verticale à (*f*) bouilleurs et à foyer intérieur, timbrée à cinq atmosphères.

J'emploierai le (*g*) comme combustible.

Je joins à ma demande ; 1° le plan des localités, 2° le dessin géométrique de la chaudière, ces deux pièces en double expédition (*h*).

J'ai l'honneur, etc.

(*a*) Noms, domicile et profession du demandeur.
(*b*) Indiquer si c'est une usine, une ferme, un atelier, ou tout autre lieu.
(*c*) Nom de la localité où doit être établie la machine.
(*d*) Le nº de la machine et le chiffre de sa force en chevaux-vapeur.
(*e*) Indiquer quel emploi doit avoir la machine, si elle est fixe ou locomobile.
(*f*) Indiquer le nombre des bouilleurs.
(*g*) Indiquer l'espèce de combustible, houille, bois, coke ou tourbe.
(*h*) Les figures 2 et 3 peuvent fournir le calque du dessin géométrique de la chaudière; on trouvera toutes les dimensions par numéros au tableau, page 8.

INSTRUCTION

POUR

L'EXPÉDITION, L'INSTALLATION, LE MONTAGE, LA MISE EN MARCHE

le Fonctionnement et l'Entretien

DES

MACHINES A VAPEUR VERTICALES

GARANTIE — EXPÉDITION

1. — Ces machines sont vendues prises à l'atelier (144, rue du Faubourg-Poissonnière, Paris), aux prix portés au tableau ci-joint (page 52). Ces prix sont fixes, sans diminution ni remises.

2. — Elles sont garanties contre tout vice de construction. Toutes les machines ont fonctionné et ont été réglées avant d'être livrées.

3. — L'emballage et le transport sont à la charge des acquéreurs.

4. — Elles peuvent être expédiées, complétement montées et emballées dans une caisse, ou empaillées. Il convient cependant mieux pour les transports lointains, surtout pour les forts numéros, de les expédier démontées en plusieurs parties. Leur assemblage est des plus faciles; en suivant les instructions données ci-après (11 à 21) la personne la plus étrangère à la mécanique peut le faire. Si cependant on désire que le montage soit fait par un ouvrier mécanicien de la Maison, on aura à payer les frais du voyage, de déplacement et de séjour.

5. — L'acquéreur doit s'assurer en les déballant dès leur arrivée, qu'elles n'ont pas souffert par le transport des avaries dont la responsabilité doit être supportée par les chemins de

fer ou par les commissionnaires expéditeurs. En cas d'avaries, on doit les faire constater et en donner immédiatement avis soit au bureau du chemin de fer, soit au représentant du commissionnaire expéditeur qui en aura fait la livraison.

INSTALLATION. — DEMANDE D'AUTORISATION.

6. — Ces machines sont acceptées par S. Exc. le Ministre de l'agriculture et du commerce et par la commission centrale des ingénieurs pour les machines à vapeur. En vertu de l'ordonnance du 22 mai 1843 (machines de la troisième et quatrième catégorie), (*a*) elles peuvent fonctionner dans les locaux habités. La déclaration et la demande d'autorisation (page 8) ayant été faites à M. le Préfet dans la forme voulue par les réglements, on peut donc les installer dans n'importe quels atelier, boutique, sous-sol ou étage supérieur d'une maison quelconque, sans qu'il soit besoin d'aucune maçonnerie ou construction spéciale.

7. — La demande d'autorisation adressée au Préfet doit faire connaître :

1° La pression maximum de la vapeur, exprimée en atmosphères, sous laquelle les machines et la chaudière doivent fonctionner (*b*) ;

2° La force des machines exprimée en chevaux vapeur (*c*) ;

3° La forme des chaudières ; leur capacité et celles des tubes bouilleurs exprimées en mètres cubes (*d*) ;

4° Le lieu de l'emplacement où elles doivent-être établies, la distance où elles se trouvent des bâtiments appartenant à des tiers et de la voie publique (*e*).

(*a*) Voir le tableau des dimensions, page 7, et le modèle de la demande. La loi de 1843, a divisé les machines par catégories, d'après leur force. La 4e catégorie comprend les machines depuis la force de un jusqu'à quatre chevaux-vapeurs, la 3e de cinq à six chevaux.

(*b*) Nos machines sont timbrées à cinq atmosphères.

(*c*) Voir le tableau des dimensions par numéro. Ce mot bizarre de cheval-vapeur vient de la comparaison faite, par un brasseur, du travail d'une machine fabriquée par Watt, à celui du cheval qui menait ordinairement son manége. C'est la force qu'il faudrait pour élever à un mètre de hauteur, 75 kilogrammes en une seconde.

(*d*) Les dimensions sont au tableau page 7.

(*e*) Pour les machines de la 3e et 4e catégorie, ces détails ne sont pas exigés.

5° La nature du combustible que l'on emploiera ;

6° Enfin le genre d'industrie ou d'industries auquel les machines ou les chaudières doivent servir ;

7° Un plan des localités où elle doit fonctionner et le dessin géométrique sont joints à la demande (*a*).

8 — Le préfet renvoie immédiatement la demande en autorisation avec les plans au sous-préfet de l'arrondissement, qui la transmet au maire de la commune, et le maire procède aussitôt à une enquête *de commodo et incommodo* qui dure dix jours. Cinq jours après qu'elle est terminée, le maire doit adresser le procès-verbal de l'enquête avec son avis au sous-préfet, qui est tenu, dans le même délai, de le transmettre au préfet. Ce magistrat, après avoir pris l'avis de l'ingénieur des mines ou de l'ingénieur des ponts et chaussées, statuera dans le délai de quinze jours sur la demande en autorisation. En cas de refus d'autorisation de la part du préfet, le demandeur doit recourir au conseil d'Etat, qui fera droit à la demande. Un refus est très rare et ne peut avoir lieu que pour des raisons fort graves (*b*).

9. — Nos machines ayant été acceptées par M. le ministre et le conseil supérieur des machines à vapeur, nulle objection ne peut être faite à leur installation. On n'a qu'à adresser à M. le préfet la demande nous nous donnons le modèle page 8, et le dessin géométrique en coupe et élévation de la chaudière, coté pour sa capacité totale (7 et 8). La figure n° 2 représentant la chaudière verticale vue en coupe et le tableau des dimensions qui lui fait suite, fournissent tous les renseignements nécessaires pour dresser ces dessins dont on doit joindre deux exemplaires à la demande, en y ajoutant le plan des lieux, lorsque les machines doivent fonctionner à demeure, et en ayant soin de faire viser pour timbre cette demande par M. le receveur de l'enregistrement.

10. — Les locomobiles montées sur leurs trains de roues sont

(*a*) Les figures 2 et 3 donnent le calque des dessins géométriques.

(*b*) Les réglements légaux qui régissent la construction et l'installation des machines datent de 1843 ; ils ne sont plus en rapport avec les progrès et les besoins de l'industrie, leur application a été depuis longtemps reconnu impossible. Le conseil d'État a été saisi par le gouvernement d'un projet de loi nouvelle qui fera disparaître tous les embarras que des agents de l'administration, timorés ou peu au courant du progrès industriel, pourraient faire naître en exigeant l'application d'une loi dont la plupart des dispositions sont forcément tombées en désuétude. Si un pareil cas se présente, il suffit de s'adresser directement à M. le ministre, pour faire disparaître toute difficulté.

prêtes à fonctionner sur tous les lieux où il plaira de les conduire. Quand elles doivent fonctionner à cent mètres de toute habitation, il n'est nul besoin d'autorisation pour les y établir temporairement. Si elles doivent desservir un atelier mobile dans un lieu habité, il suffit d'une simple autorisation du maire ou du préfet (*a*).

ASSEMBLAGE ET MONTAGE DES MACHINES.

11. — Les machines expédiées démontées ont (4) toutes leurs parties marquées par des chiffres et des lettres. Il suffit pour les monter de prendre chaque pièce séparée, puis chaque joint (17 et 18) dans l'ordre indiqué par les chiffres et, en se rapportant par les lettres aux dessins qui représentent la machine et à leurs légendes, de les rapprocher et d'en former les assemblages et les joints (12 à 18).

12. — On place d'abord, comme nous le dirons (19), le socle sur une assise, de façon que la machine soit bien de niveau et d'aplomb, et on y pose la grille et la chaudière, de manière que la porte du foyer soit directement au-dessus de l'ouverture du cendrier X. L'on met ensuite sur le socle la colonne droite portant le cylindre D, et on la scelle fortement à sa place par le boulon du bas. L'entablement est alors adapté dans l'emboitage que lui offre le chapiteau de la colonne et y est fixé à l'aide du boulon. La colonne gauche portant la pompe alimentaire G est posée à sa place sur le socle. On emboîte en même temps l'extrémité de l'entablement resté libre dans son chapiteau, et on serre fortement les boulons du bas et du haut, comme on l'a fait pour l'autre colonne. On prend le cercle qui porte le régulateur à boules, on place son piédouche dans l'emboîtage ménagé sur le devant et au milieu de l'entablement et on l'assujettit par ses deux vis.

13. — Le montage principal est terminé ; aucune erreur n'a été possible dans le placement de ces différentes pièces.

(*a*) A Paris et dans les grands centres, les entrepreneurs font fonctionner les locomobiles sur leurs ateliers de construction, sans autre formalité que celles qu'ils remplissent pour l'installation de tous leurs travaux ordinaires vis-à-vis de l'Administration.

14. — On place alors l'arbre dans ses paliers, la bielle dans la manivelle, les colliers des excentriques du tiroir et de la pompe sur leur noyau, et les articulations des tiges dans leur rotule.

15. — Le volant est ensuite placé et claveté sur l'arbre ; et le montage des pièces est terminée par la pose de la poulie motrice, engrenage ou tout autre moyen de transmission.

16. — Chacune de ces pièces a sa place respective si bien désignée, qu'en se guidant sur le dessin de la machine il est impossible de se tromper.

17. — Il ne reste plus alors qu'à serrer les boulons et écrous des raccords et à faire les joints (*a*) ; on les fait au minium et dans l'ordre suivant :

1° Du tuyau de la prise de vapeur F à la boîte à vapeur P;

2° Du tuyau d'échappement W du cylindre D au réservoir H, placé derrière la chaudière et à la cheminée ;

3° De la pompe G aux robinets I et J ;

4° Du robinet I au bac ou réservoir H ;

5° Celui du manomètre K au petit robinet L ;

6° Ceux du siége de la soupape de sûreté MM', du sifflet U, des robinets C C' et P J ;

7° Enfin, ceux des tampons autoclaves Y et Z, Z.

18.—Tous ces joints doivent être luttés avec soin et au mastic de minium. Comme l'emploi de ce mastic est fort usuel, nous croyons devoir en donner ici la préparation : on prend deux parties de minium, une de blanc de céruse, légèrement humecté d'huile de lin, et l'on pétrit à coups de marteaux sur une pierre pour former une pâte consistante (*b*). En préparant les joints on fait sur les bords de chaque ouverture une petite couronne extérieure de filasse ou de plomb, autour de laquelle on étale régulièrement le mastic au minium. Cette précaution a pour but

(*a*) On entend par faire les joints : mastiquer, lutter ou entourer avec un mastic spécial les joints de manière à produire une fermeture imperméable et hermétique.

(*b*) Nous avons indiqué ici la composition du mastic au minium ou mastic rouge, parce qu'il est le meilleur et le plus facile à préparer. On y ajoute parfois une partie de filasse hâchée menue. Le commerce en vend de tout préparés ; il faut généralement s'en méfier. Le mastic au fer, dont on se sert ordinairement pour les joints exposés à l'action du feu, n'a pas lieu d'être employé dans nos machines.

d'empêcher le mastic d'obstruer les conduits sous le serrage des boulons de chaque joint (17).

19. — Les machines fixes doivent être mises en place et scellées au sol sur deux pierres de 40 à 50 centimètres d'épaisseur et d'une grandeur proportionnelle au diamètre du socle. Ces pierres suffisent pour toute assise de fondation. Elles doivent dépasser de quelques centimètres le niveau du sol pour former le cendrier; l'espace qui les sépare est un peu creusé en forme de cuvette et pourvu d'un revêtement qui lui permet de recevoir et de contenir une partie des eaux provenant des tuyaux de purge V et W, et dans laquelle viendront s'éteindre les cendres ardentes qui tomberont de la grille. Cette disposition active le courant d'air nécessaire à la combustion.

20. — La cheminée pourra être établie, suivant la disposition du local, soit par un tuyau de tôle, soit par un conduit en pierre ou en brique.

21. — Lorsque la machine est fixée au moyen des boulons de scellement sur ces pierres (19), reposant dans le sol, on n'a plus qu'à placer la courroie de commande correspondant à une transmission ou directement aux machines, et l'installation est complète (*a*).

MISE EN MARCHE DE LA MACHINE

22. — La machine étant fixée à sa place et l'assemblage terminé, comme nous l'avons dit, tout est prêt pour la mise en marche qui s'opère ainsi qu'il suit.

Approvisionnement de la Chaudière.

23. — On enlève le grand tampon autoclave Y et on commence à introduire de l'eau et les matières antitartriques (59 à 63),

(*a*) Il arrive souvent qu'on se contente de poser la machine sur le sol bien nivellé et on la fait marcher comme si elle y était bien assise. L'installation que nous indiquons ici n'est pas difficile à faire et la machine se trouve ainsi dans de bien meilleures conditions.

puis on ferme et on fait le joint (18). On desserre ensuite l'écrou A, et par cette ouverture on verse de l'eau dans la chaudière jusqu'à ce qu'on la voie s'élever aux deux tiers du tube B, du niveau d'eau dont on a eu soin d'ouvrir les robinets C C' (33, 47 et 48). La chaudière est alors suffisamment garnie ; on remet l'écrou A, qui ne sert jamais que dans le cas où elle est entièrement vidée, après chaque nettoyage par exemple. Pendant l'introduction de l'eau, on maintient une des deux soupapes M M' ouvertes, afin de permettre à l'air de s'échapper, et on ne la referme que lorsque le feu étant allumé, la vapeur, après avoir chassé l'air, commence à s'échapper. La chaudière étant bien remplie, on s'assure que les robinets E de la prise à vapeur F (30) est bien fermé, tandis que le robinet J (31) de la pompe G reste toujours ouvert : tout est prêt pour le chauffage (24). Il est indispensable pour une bonne marche de la machine que l'eau soit toujours maintenue à une hauteur qui corresponde aux deux tiers de celle du tube B. Pendant la marche, l'alimentation de la machine se fera automatiquement par la pompe, en réglant son aspiration par le robinet I (31 et 32).

Chauffage.

24. — On allume ensuite le feu en disposant le combustible sur la grille, préalablement bien nettoyée et décrassée, de manière qu'il forme une couche de 6 à 10 centimètres d'épaisseur à peu près égale partout et que le courant d'air puisse la traverser sans obstacle et en raison de l'activité qu'on voudra donner au feu (*a*) (34). Pour moins de dérangement et plus de surveil-

(*a*) La combustion, seul moyen industriellement appliqué jusqu'ici pour développer le calorique, consiste à combiner les divers corps qui composent la houille, le bois, la tourbe, le gaz d'éclairage, etc., et principalement le carbone avec l'oxigène de l'air. Il faut donc dépenser une quantité d'oxigène proportionnelle à la quantité des éléments de combinaison que contiennent les combustibles employés, et disposer les foyers de manière que cette combinaison puisse se faire le mieux et plus facilement possible, en mettant autant que possible les molécules combustibles en contact avec les molécules d'oxigène contenus dans l'air. On place donc le combustible, débité en fort petits morceaux, sur la grille, au travers des barreaux de laquelle on amène un courant d'air. Plus ce courant sera actif, plus la combustion marchera rapidement. Il faudra une quantité d'air d'autant plus grande que le combustible employé sera plus riche. On évalue à 15 ou 18 mètres cubes la quantité d'air nécessaire à la combustion d'un kilogramme de houille. La combustion est accompagnée d'un dégagement de chaleur et de lumière, il y a production de différents corps combinés,

lance et de régularité dans la marche, il faut avoir soin que le chauffeur ait toujours à sa portée, près du foyer, mais à l'abri du feu, une quantité de combustible suffisante. On peut indifféremment brûler de la houille, du coke, du bois ou de la tourbe (35).

Graissage.

25. — La chaudière approvisionnée et le feu allumé, on doit, pendant que l'eau chauffe et que la vapeur se forme, vérifier avec soin si tous les organes de la machine sont bien libres dans leurs mouvements, si rien n'y est trop ou pas assez serré (14).

26. — Les cinq godets 1, 2, 3, 4 et 5 doivent être pourvus de leurs mèches capillaires, placées de manière qu'un des bouts soit enfilé dans le conduit à huile et que l'autre plonge bien dans le réservoir qu'on approvisionne d'huile (29).

27. — On garnit ensuite d'huile les trous 6, 7, 8 et 9 du mouvement de la bielle motrice ; les réservoirs de la glissière P ; le trou n° 10 de la bielle du tiroir ; celui n° 11 de la bielle de la pompe alimentaire ; et ceux n°s 12, 13, 14, 15, 16, 17 et 18 du régulateur (29).

28. — Il faut graisser avec du *suif* les garnitures du presse-étoupes ou stuffing-box du cylindre et du tiroir (45), ainsi que le robinet 19 qui sert à graisser le piston qui fonctionne dans l'intérieur du cylindre D (56).

29.—Ces détails du graissage sont d'une importance extrême ; on devra s'assurer souvent, plusieurs fois par jour, que tous les organes graisseurs fonctionnent bien et sont abondamment approvisionnés. De ce service dépendront en grande partie la durée de la machine, la douceur et la régularité de sa marche. L'huile qu'on emploiera devra être choisie très fluide, de bonne qualité, sans acide, et le suif bien fondant.

principalement d'acide carbonique qui, avec le gaz azote, emporte une partie de la chaleur développée par le charbon. C'est cette chaleur qui, en dilatant les gaz, détermine leur ascension par la cheminée, entraîne la fumée composée de matières non brûlées, et produit l'aspiration par la grille de l'air frais nécessaire à la combustion. Le calorique ainsi emporté est évalué à 15 pour 100 de la quantité totale.

Mise en mouvement.

30. — Lorsque le manomètre K marque une pression de quatre atmosphères et demie à cinq atmosphères (37), on ouvre le robinet purgeur V, puis on pousse plus ou moins de gauche à droite la poignée E du robinet-valve F, de manière que la vapeur, arrivant lentement et peu à peu dans le cylindre, l'échauffe d'abord et n'exerce pas une action trop brusque en arrivant à pleine pression sous le piston (67). Si la machine est à un de ses points morts, on l'aide légèrement à partir, en donnant une impulsion au volant, dans le sens de sa marche. La mise en marche est alors complète; après une dizaine de tours du volant, on ferme le robinet purgeur V, qui a donné passage à l'air contenu dans le cylindre, et dans la boîte à vapeur, et par lequel s'est écoulé le peu de vapeur qui se condense avant que le cylindre ne soit échauffé. Le tuyau W qui amène la vapeur d'échappement dans le cendrier et le réservoir H (31) doit toujours cracher. Il n'y a plus qu'à surveiller et à entretenir le fonctionnement régulier de la machine, à régler le feu (34) et l'alimentation de la chaudière (31), qui se fera désormais automatiquement par la pompe G (56), dont on ouvre, pour ne plus les fermer pendant la marche, les robinets I, J, aussitôt qu'on ferme le robinet purgeur W.

CONDUITE

DE LA MACHINE EN MOUVEMENT.

Alimentation de la Chaudière.

31. — Pendant la marche de la machine, la pompe alimentaire G (56) doit amener de l'eau à la chaudière proportionnellement à la dépense faite par la vaporisation, de manière que le niveau du liquide s'y maintienne toujours aux deux tiers de la

hauteur du tube B du niveau d'eau. Pour cela, il faut avoir soin de maintenir régulièrement plein d'eau le bac H placé derrière la chaudière, dans lequel plonge le tuyau d'aspiration de la pompe et où l'eau est chauffée par la vapeur perdue qui y arrive du cylindre D par le tuyau d'échappement W (*a*) (58). Le robinet J (55), placé au bas de la chaudière, est tenu constamment ouvert pendant la marche de la pompe. On règle l'alimentation en ouvrant plus ou moins, suivant les besoins, le petit robinet à cadran I (55). La personne chargée de conduire la machine doit donc porter constamment son attention sur le niveau d'eau B et s'assurer qu'il fonctionne bien (33). Tant que le liquide s'y maintient aux deux tiers de la hauteur du tube, la marche de la pompe est normale ; si le niveau monte, c'est qu'il arrive plus d'eau que n'en dépense la vaporisation, il faut fermer un peu plus le robinet I ; si le liquide n'arrive pas au contraire à cette hauteur, il faut ouvrir d'avantage le robinet I et faire affluer l'eau dans la chaudière jusqu'à ce qu'elle soit arrivée au point voulu. Si les robinets I et J étant complétement ouverts l'eau ne monte pas dans le niveau, il faut s'assurer du fonctionnement des clapets soit en appuyant son oreille sur la pompe, soit en tenant entre ses dents une broche dont on posera l'extrémité opposée sur la pompe. Si dans le premier cas on n'entend pas le clic-clac des clapets et qu'en second lieu on ne sente pas leur percussion, il faut ouvrir les cages, visiter les clapets (56), reconnaître la cause qui empêche la pompe de fonctionner et y remédier.

32. — Il faut pousser le feu (24 et 34) au moment où l'on fait ainsi arriver une quantité d'eau plus grande que de coutume, surtout si le niveau de l'eau n'était pas trop descendu et que la pompe

(*a*) La chaleur latente de vaporisation est de 532 calories pour l'eau, c'est-à-dire que pour se vaporiser, un litre d'eau absorbe 532 calories sans faire monter le thermomètre. Lorsque la vapeur sort de la chaudière, elle est, en tenant compte des pertes, à 140° environ ; sa chaleur totale est alors de 650 calories environ. Un kilogramme de vapeur d'échappement peut donc suffire pour amener, même en tenant compte de toutes les pertes, six litres d'eau à une température de 80 à 90°. On voit quelle économie de combustible on peut faire en utilisant intelligemment la vapeur d'échappement. Outre cette économie de combustible, ce chauffage de l'eau par la vapeur d'échappement offre d'autres avantages ; il évite le refroidissement de la chaudière et de l'eau en ébullition par un jet de liquide froid, et n'arrêtant pas la production de la vapeur, concourt ainsi grandement à la marche régulière de la machine. Il rend l'eau plus pure, parce qu'en s'échauffant, l'eau dépose une partie des matières terreuses qu'elle contenait en dissolution et qui auraient pu former des dépôts à l'intérieur de la chaudière.

fonctionne bien, afin qu'il ne se produise pas de temps d'arrêt dans la production de la vapeur et par conséquent une perte de force. Si au contraire le niveau d'eau est trop descendu et que la pompe ne donne pas, il faut arrêter le feu en fermant le registre et laisser même refroidir la chaudière, si par suite de la négligence la surface de chauffe est à découvert (*a*) (55).

(*a*) Quelques notions sur la vaporisation ou passage de l'eau, de l'état liquide à l'état de vapeur, sont indispensables pour bien comprendre l'importance de la plupart des recommandations purement pratiques que nous faisons ici. La chaleur qui jouit de la propriété essentielle de dilater les corps, les fait successivement passer de l'état solide à l'état liquide et de l'état liquide à l'état gazeux ou de vapeur, suivant qu'ils en absorbent et en contiennent une quantité plus ou moins grande. Ainsi, lorsqu'on pose un vase plein d'eau sur le feu, on voit bientôt de petites bulles de vapeur se former aux parois du vase, grossir peu à peu et venir éclater à la surface en agitant le liquide. L'eau est alors arrivée à son point d'ébullition à 100 degrés de température, et si on laisse la vaporisation se continuer à l'air libre, cette température n'augmentera pas tant que durera l'ébullition. En passant à l'état de vapeur, l'eau a absorbé 532 fois plus de chaleur qu'elle n'en contenait à l'état liquide, et elle sera 1700 fois plus dilatée, c'est-à-dire qu'elle occupera sous la pression d'une atmosphère une espace 1700 fois plus grand et qu'un litre d'eau liquide produira ainsi 1700 litres de vapeur. Les bulles de vapeur ne se forment pas indifféremment à tous les points de la masse liquide, mais principalement sur les couches qui touchent les parois du vase, où elles restent attachées jusqu'à ce qu'elles aient acquis le volume et la tension nécessaires pour vaincre la résistance qui les retient, diviser ou soulever la masse de liquide qui pèse sur elles. C'est ce phénomène parfaitement observé et si important dans la vaporisation de l'eau, qui a amené les ingénieurs à donner aux chaudières la surface de chauffe la plus considérable, c'est à dire à faire que les parois de chaudières soient exposées sur la plus grande surface possible, à l'action de la flamme ou des rayons directs du foyer. Mais si la température de ses parois s'élève au-delà de 175°, il se passe un singulier phénomène que les physiciens appellent caléfaction de l'eau, et qu'il est très-facile d'observer en projetant quelques gouttes d'eau ou de tout autre liquide volatil, sur une plaque métallique chauffée presque au rouge. Au lieu de se vaporiser instantanément, le liquide prend la forme globulaire, passe à l'état sphéroïdal, est animé de mouvements girattoires très-animés et ne passe à l'état de vapeur que lentement. Si la plaque de métal est percée de trous, l'eau ainsi caléfiée ne coule pas à travers, ce qui prouve qu'elle n'est pas adhérente à sa surface. Le temps que l'eau peut ainsi résister au métal rouge est variable, tantôt de quelques secondes, tantôt de quelques minutes. Mais aussitôt que la plaque métallique se refroidit et revient à une température de 170 à 165 degrés, les globules d'eau s'étalent tout à coup et se vaporisent instantanément. Si donc une chaudière est surchauffée ou que l'eau descende à un niveau assez bas pour laisser une partie de ses parois à nu, le phénomène que nous venons de décrire s'accomplira ; l'eau, passée d'abord à l'état sphéroïdal, se vaporisera aussitôt qu'une cause quelconque aura amené une diminution de tension ou de température, il se produira alors instantanément une masse énorme de vapeur, qu'on n'évalue pas à moins de 20 mètres cubes pour un mètre de surface de chauffe et une explosion terrible aura lieu. On comprend maintenant de quelle importance il est pour le chauffeur de veiller à l'alimentation régulière de ses chaudières, au bon fonctionnement de la pompe, et à l'entretien d'un feu modéré qu'il ne doit jamais pousser trop vite, de peur de surchauffer, de rougir la chaudière, ni laisser trop diminuer. En examinant toutes les explosions, on trouve que le manque d'eau en a été la principale cause, et par conséquent l'incapacité ou la négligence du conducteur des chaudières en sont seules coupables. Le danger n'existe que pour le chauffeur qui le brave par la négligence

33. — Les robinets CC' du niveau d'eau doivent être tenus constamment ouverts. Ils sont uniquement destinés à être fermés lorsque le tube B vient à se casser. Dans ce cas, aussitôt que le sifflement de la vapeur prévient de l'accident, il faut, sans frayeur, car il n'y a point de danger, fermer précipitamment les robinets CC' et remplacer aussitôt le tube B, (48).

Entretien du Feu. — Combustibles.

34. — On doit entretenir un feu vif et le plus régulier possible, l'économie du combustible (24 et sa note) et la marche régulière de la machine (32) l'exigent également. Le premier soin du chauffeur doit donc être de veiller à ce que l'air arrive en suffisante quantité par tous les points de la grille et qu'il traverse la couche en combustion sans que des cendres ou d'autres matières inertes empêchent son contact avec le combustible. Il faut visiter le foyer ni trop souvent, ni trop rarement, user modérément du ringard, mettre du combustible en proportion modérée et bien le disposer sur la couche des charbons enflammés (24). Cette couche doit avoir une épaisseur moyenne de six à dix centimètres; mais il n'y a pas de règle fixe, c'est la nature du combustible qui doit guider le chauffeur.

35. — Le bois brûle rapidement, produit beaucoup de cendres, surtout si on brûle les brandilles; le feu est avec lui difficile à entretenir d'une manière régulière, il faut un tirage moins grand que pour le charbon, le foyer doit être plus souvent visité et garni. Le coke chauffe bien, ne donne pas de fumée, mais est peu employé dans l'industrie ordinaire, qui préfère généralement la houille. Celle-ci doit être divisée en fragments de la grosseur du poing. Plus gros, les morceaux ne brûlent qu'à la surface et l'intérieur n'étant pas en contact avec l'air, se distille et s'échappe en fumée. Plus la houille est menue, plus la couche doit être mince. Les houilles grasses exigent moins d'air que les maigres, on peut charger davantage; mais l'emploi fréquent du

de ses devoirs, et en ne cherchant pas à acquérir les connaissances qui lui sont nécessaires pour son état; qu'il maintienne le niveau de l'eau aux 2 tiers du tube, le manomètre de 4 atmosphères 1/2 à 5, il n'y aura pas de surfaces découvertes et la température n'excédant pas 150°, la marche de la machine sera régulière et il n'aura pas d'accidents à craindre.

ringard est nécessaire, parce qu'elle est colante, qu'elle finit par boucher les grilles et que parfois il se forme au-dessus une voûte compacte qui empêche le foyer de rayonner. Les charbons maigres se brisent facilement et le tisonnier peut causer une grande perte en faisant tomber les débris dans le cendrier. La tourbe doit être bien sèche et mise en couches épaisses, le foyer peut être un peu restreint, mais il faut activer le tirage.

36. — Le chauffeur doit surtout diriger son feu avec le registre qu'il ne faut presque jamais tenir complétement ouvert, si ce n'est lorsque, le feu étant tombé, il convient d'activer la combustion le plus possible. Il doit étudier ses effets, le manœuvrer avec soin et intelligence pour modérer ou activer le tirage de la cheminée et afin d'utiliser le mieux possible la chaleur du foyer et ménager le combustible (24 et sa note). Le manomètre K doit guider sur la quantité de chaleur à donner; il doit constamment se maintenir à une pression de quatre atmosphères et demie à cinq atmosphères et demie (37). Les changements de température trop brusques doivent être évités (51 et 52). Quant à la quantité de combustible, elle dépend de la qualité de celui qu'on emploie. Une courte expérience éclairera à ce sujet (*a*).

(*a*) En théorie, le rôle de chauffeur est fort difficile. Dans la pratique, il consiste à bien guider son feu de manière que le manomètre se maintienne toujours dans les limites indiquées. Nous n'avons pas cru devoir reproduire ici les nombreuses données scientifiques qui peuvent servir au chauffeur intelligent et ayant une certaine instruction. Il doit cependant savoir qu'un litre d'eau pour entrer en ébullition absorbe 100 calories, et que, pour passer à l'état de vapeur saturante, il est encore obligé d'absorber 532 calories de chaleur latente de vaporaison, en tout 632°. Lorsque la vaporisation a lieu en vase clos, la tension de la vapeur empêche elle-même la vaporisation, et il faut pour vaincre cette résistence une augmentation de température proportionnée à cette tension. Ainsi, lorsque le manomètre marque une tension de quatre atmosphères et demie à cinq atmosphères et demie, la température intérieure de la vapeur est de 140 à 150°. Or, cette chaleur est entièrement prise au combustible jeté au foyer, et, d'après les expériences les plus nombreuses, on est arrivé à déterminer de la manière suivante la quantité de calories contenue dans les combustibles les plus usuellement employés : la houille et le coke 7,200 calories ; le bois de la saison desséché (le meilleur par conséquent), 3,000 calories; la tourbe, 2,000. Une calorie étant la quantité de chaleur qu'il faut pour élever d'un degré la température d'un litre d'eau et la chaleur latente de vaporisation étant de 532, 10 kilog. de charbon suffiront pour porter à la température de l'ébullition et vaporiser les 90 litres d'eau que contient la chaudière d'une machine de la force d'un cheval-vapeur, en tenant compte de toutes les pertes du calorique produites par l'échauffement des parois de la chaudière, par le rayonnement et par l'échauffement de l'air qui sort à la combustion et dont une grande quantité traverse le foyer sans être utilisé, pertes qu'on porte à 15 p. 100 dans le chauffage des machines ordinaires. Dans la pratique, on compte que 1 kilogramme de charbon vaporise de 6 à 7 litres d'eau par heure, et qu'une machine use 30 litres d'eau par heure et par force de cheval-vapeur. Nous avons voulu, dans cette

De la Pression.

37. — La tension de la vapeur doit être, nous venons de le dire, constamment de quatre à cinq atmosphères. Les soupapes de sûreté M M' ne doivent fonctionner que lorsque le manomètre K marque cinq atmosphères et demie (49) (*a*). Il ne faut jamais

note, nous borner à présenter un simple aperçu théorique. Evidemment ces données ne suffiraient pas pour asseoir un calcul mathémathique, surtout si l'on voulait se rendre compte de l'effet obtenu d'après la quantité de combustible brûlé, ou réciproquement déterminer la quantité à employer de celui-ci d'après la puissance effective de la machine, elles suffisent pour faire comprendre l'importance qu'ont la qualité du combustible et l'entretien régulier du feu dans la marche de la machine.

(*a*) Les machines à vapeur, pour fonctionner régulièrement, doivent recevoir la vapeur sous une force élastique qui est déterminée pour chaque espèce de machines, et les parois de la chaudière offrent une résistance qui a été calculée en conséquence. Il est donc indispensable que le chauffeur connaisse à chaque instant la force élastique acquise par la vapeur, afin de diriger convenablement le feu. Cette force des tensions s'exprime par atmosphères, en prenant pour unité la force qu'il faudrait pour soulever une colonne d'air d'une hauteur égale à celle de l'atmosphère et d'une base égale à la surface sur laquelle s'exerce la tension, et qu'on peut évaluer à 1 k. 033 pour chaque centimètre carré. On s'est servi pour mesurer et marquer cette tension des gaz et spécialement de la vapeur, d'abord des manomètres à mercure à air libre, puis à air comprimé, dans lesquels l'élévation d'une colonne de mercure indique la pression ; on a ensuite songé à utiliser, à cet effet, l'élasticité des métaux et on a construit des manomètres suffisamment sensibles, d'un prix modique et d'un emploi commode, généralement adoptés aujourd'hui. Ils consistent en un tube ou une lame en métal très-mince et très-élastique, sur laquelle agit la pression de la vapeur et dont la pointe agit sur une aiguille qui se meut sur un cadran où la pression est marquée en atmosphères. La vapeur exerce donc sur chaque centimètre carré des parois de la chaudière et de la surface du piston autant de fois 1 k. 033 de pression que le manomètre marque d'atmosphères.

Les chaudières sont essayées à une tension double de celles qu'elles doivent éprouver ordinairement et que marque le timbre apposé par l'administration, mais il est important, pour éviter tout accident, que la tension de la vapeur ne dépasse jamais les limites exigées par le travail. Or, deux causes principales produisent cette tension, la température du foyer, la compression de la vapeur dans la chaudière. Cette dernière cause peut être détruite subitement au moyen de la soupape de sûreté inventée par Papin, et, qui simple comme toutes les inventions de génie, consiste à fermer une ouverture pratiquée dans les parois de la chaudière, d'un bouchon maintenu par un poids égal à la pression qui doit s'exercer dans la machine. Lorsque la tension dépasse le nombre d'atmosphères voulues, le poids est soulevé, une certaine quantité de vapeur s'échappe par l'ouverture et lorsque la tension est descendue au-dessous de la pression indiquée, la soupape retombe et la marche de la machine continue son cours.

On voit donc que la tension ou le timbre sous lequel fonctionne une machine, est bien différente de sa force : elle n'est qu'un des éléments de cette force qu'on exprime non en atmosphères, mais par chevaux-vapeur; la surface du piston et la longueur de la course dans le cylindre forment les deux autres éléments. C'est en multipliant la pression exercée sur la surface du piston par sa course, qu'on obtient la somme de la force ou du travail de la machine qu'on exprime ordinairement par chevaux-vapeur. Si l'on emploie la détente, il faut tenir compte dans ce calcul de la perte de travail ou de pression occasionnée par la détente.

surcharger le poids de ces soupapes ; on s'exposerait en le faisant à la sévérité des lois et parfois à un danger sérieux (32 et sa note).

De la Vitesse.

38. — La vitesse de chaque numéro de nos machines est indiquée dans le tableau n° 3 qui accompagne ces instructions. On peut faire varier accidentellement cette vitesse en raccourcissant ou allongeant la tige X du régulateur (72) à l'aide de la douille O ; mais c'est un moyen qu'il faut peu employer : il exige qu'on règle d'après cette modification la marche du feu (34), celle de la pompe alimentaire (31) et celle de la détente (40).

39. — Il est aussi possible, en avançant au moyen de la détente l'instant de l'extension, de donner à la machine une plus grande vitesse que celle portée au tableau, mais il vaut infiniment mieux, si on a besoin d'augmenter cette vitesse pour son travail, de l'obtenir au moyen des poulies de transmission ; le nombre de tours que feront les appareils sera en rapport avec leur diamètre et celui des poulies de transmission (40 et sa note).

Détente variable.

40. — La détente variable doit fonctionner aussi fermée que possible, suivant la dépense de force que l'on demande à la machine ; il suffit pour cela de ramener l'aiguille au moyen de la poignée P sur le mot *fermé* en serrant, dans un des petits trous d'arrêt, la vis Q (55) (*a*).

(*a*) Il faut, pour manœuvrer convenablement la détente, bien se pénétrer de son mécanisme et de ses fonctions. Si le robinet qui sert à introduire la vapeur dans le cylindre reste ouvert pendant toute la durée du mouvement ascendant ou descendant du piston, celui-ci arrivera à l'extrémité de sa course avec une vitesse toujours croissante et qui aura pour résultat d'imprimer, à toutes les pièces de la machine un choc et un ébranlement fâcheux ; mais si au lieu de laisser le robinet d'admission ouvert, on le ferme lorsque le piston est parvenu à la moitié ou aux deux tiers de sa course, la quantité de vapeur ainsi introduite suffira pour produire le refoulement du piston, car cette vapeur se dilatant dans le vide à la manière d'un gaz, continuera à presser le piston, qui, en raison d'ailleurs de sa vitesse acquise, arrivera aisément à l'extrémité de sa course. Ainsi, une moindre quantité de vapeur sera employée pour faire marcher la machine. Mais la vapeur, en agissant ainsi, ne pouvant pas produire un effet dynamique aussi puissant que si elle agissait en pleine pression pendant toute la durée de la course, pour reconnaître si l'emploi de la détente présente des avantages, il faut savoir si l'économie sur le combustible, dépasse la perte

Soins à prendre lorsqu'on arrête les Machines.

41. — Le robinet de mise en marche F, étant fermé à la fin de la journée, on ouvre le purgeur V (30), la clef du graisseur 19, afin de laisser un libre écoulement aux vapeurs condensées qui pourraient s'amasser dans le cylindre ; puis l'on ferme le robinet d'aspiration I de la pompe alimentaire (56). Sans cette précaution, la chaudière, en se refroidissant, pourrait bien se remplir complétement par l'effet du vide produit, en aspirant directement l'eau du bac H (31). On retire du foyer tout le combustible, en fermant le registre, on nettoie la grille et on éteint les charbons ardents. La chaudière et les cylindres se refroidissent ainsi lentement, sans qu'il y ait de dilatation brusquement produite (51 et 52).

42. — Lorsqu'il arrive, pour un motif quelconque, que l'on est forcé d'arrêter la machine pendant que la vapeur et le feu sont en pleine activité, on ouvre la porte du foyer et on couvre le feu avec les cendres. Le courant d'air qui passe dans la chaudière la refroidit et arrête la production active de vapeur qui, du reste, si elle persistait à monter, s'échapperait par les soupapes de sûreté (37 et sa note, 49) ; dans le cas d'un accident imprévu, il serait prudent de jeter le feu hors du foyer. Le registre ne doit pas être complétement fermé, si l'on ne veut pas étouffer le feu entièrement (24 et 36).

ENTRETIEN DE LA MACHINE.

43. — La durée et le bon fonctionnement d'une machine dépendent des soins de propreté et de l'intelligence de celui qui la

produite dans le travail effectif. Or, c'est ce que l'expérience a parfaitement établi dans les machines qui dépassent une certaine force ; Arago et de très bons juges placent sous le rapport économique la détente sur la ligne du condenseur. Mais encore une fois il faut bien se rappeler qu'on n'obtient cette économie que par une perte de force, et par conséquent de travail effectif, et n'employer la detente qu'avec modération. Watt, qui l'inventa, ne s'en servit presque jamais. En changeant l'instant où l'expansion doit commencer, la détente fait aussi varier les vitesses, et cet effet est fort utile, lorsque les machines doivent faire un travail varié.

conduit, et de *la surveillance exercée par le chef de la maison.*

44. — Les trous de graissage (25 à 29), doivent être visités tous les matins. On doit s'assurer qu'ils sont bien ouverts, en passant une petite broche de fil de fer dans chacun d'eux.

Presse-Étoupes ou Stuffing-Box.

45. — Les garnitures des stuffing-box du cylindre (69) du tiroir (68) et du papillon (72) doivent être renouvelées ou surchargées au moins tous les mois, en ayant soin d'employer des mèches de chanvre bien graissées au suif et bien *tassées dans leurs boîtes*, et disposées en mèches plates non serrées en corde autour des tiges, surtout celle du petit arbre du papillon de la prise de vapeur F, qui doit fonctionner avec la plus grande sensibilité. Pour renouveler les étoupes, on enlève le bouchon de la boîte, on arrache avec un crochet les étoupes durcies, on nettoie parfaitement la boîte pendant qu'elle est encore chaude, et on tasse à l'aide d'un morceau de bois les mèches de chanvre qu'on a plongées dans du suif fondu, et lorsque la boîte est bien remplie à 2 ou 3 centimètres du bord, on serre le bouchon. Les étoupes du stuffing-box de la pompe doivent être trempées dans l'eau et non dans le suif ou dans l'huile qui graisseraient les clapets (31 et 56).

Robinets.

46. — Les clefs des robinets C, C', F, I, J, L, S, doivent être demontées tous les mois et graissées au suif bien pur (25 à 29), et souvent vérifiées, afin qu'aucune fuite ne puisse avoir lieu par leur rodage.

Organes indicateurs et de sûreté.

47. — Le fonctionnement régulier et aisé de ces organes est de la plus haute importance; leur entretien est facile, mais ils exigent une surveillance attentive. On s'assurera que les conduits du niveau d'eau ne sont pas bouchés, que rien n'est altéré dans le niveau en faisant fonctionner, quand la machine est en pression, le petit robinet S. Les bouchons R R servent au nettoyage de ces conduits; on l'opère en y passant un fil de fer (33).

48. — Lorsqu'un accident quelconque brise le tube en verre, il faut le remplacer aussitôt, ce qui est facile, sans suspendre la marche de la machine. On ferme pour cela les robinets C C', puis on retire le bouchon T de la cage du haut. On desserre les deux écrous presse-étoupes. On retire le tube cassé et on met à sa place dans les cages un tube neuf qu'on introduit par l'ouverture du haut T, et on refait de nouvelles garnitures (45). On resserre les deux écrous, on remet le bouchon T, et en ouvrant doucement les robinets CC', le nouveau niveau doit fonctionner aussitôt (33).

49. — Il faut s'assurer aussi si les soupapes de sûreté MM' ne sont pas collées, si leurs leviers-romaines fonctionnent bien et ne jamais les surcharger (37); si le tuyau et le robinet L ne sont pas bouchés; si le manomètre K n'a rien perdu de sa délicatesse (37 et sa note). Comme, par son exposition prolongée dans un milieu chaud, le métal du tuyau courbe ou la membrane du manomètre peut subir des modifications moléculaires capables de fausser ses indications, il est important de s'assurer souvent du bon état et de la sensibilité de cet appareil indicateur de la pression. On le fait facilement en manœuvrant le robinet étalon L et en observant si les mouvements de l'aiguille du manomètre répondent à la marche du robinet. L'aiguille doit marquer sur le cadran une tension d'autant plus grande que le robinet plus ouvert laisse passer plus de vapeur ; cette marche de l'aiguille doit avoir lieu aussitôt que le robinet s'ouvre ou se ferme (37 et sa note).

Les organes du sifflet avertisseur U doivent être vérifiés à l'intérieur chaque fois qu'on nettoie la chaudière.

Chaudière, son nettoyage intérieur, fuites, coups de feu.

50. — La durée des chaudières est très variable; elle dépend autant des soins du chauffeur (31 à 32) et de l'emploi d'eaux peu incrustantes et peu corrosives (59 à 64), que de leur bonne construction. Si on suit dans la conduite de la machine les prescriptions si faciles que nous indiquons, l'usure, étant naturellement en raison du service que fera la chaudière, s'opèrera très lentement et d'une manière facile à observer quand elle aura atteint une certaine limite. Elle amènera d'abord à réparer et à changer certaines parties plus attaquées, puis à la remplacer comme on

remplace un habit ou un instrument usé sans perturbation aucune. Dans d'autres machines, ces changements des différentes pièces ne pourraient s'opérer, les dispositions particulières que nous avons données aux nôtres les rendent seules possibles. Toutes les chaudières, quelque simple que soit leur système et quelque solide que soit leur construction, sont exposées à deux accidents : 1° aux coups de feu; 2° aux fuites.

51. — Les coups de feu arrivent toujours par l'inexpérience ou la négligence du chauffeur qui n'alimente pas régulièrement la chaudière (31), qui conduit mal son feu (24) ou qui ne fait pas de nettoyages assez fréquents ou assez complets (52, 63 et 64). Si ces brûlures ne sont pas assez intenses pour occasionner des fuites ou des boursoufflures, elles auront toujours, après le refroidissement de la chaudière, une couleur d'un brun rougeâtre qui en indique la présence. Aussitôt qu'un chauffeur reconnaît ou soupçonne une brûlure, il doit éteindre le feu, si la machine est en marche, nettoyer et examiner la chaudière et la réparer si le coup de feu a été assez violent pour causer une déchirure.

52. — Les fuites peuvent avoir plus ou moins de gravité, suivant les circonstances. Elles ont lieu généralement aux rivets et aux joints des tôles, par suite de la dilatation inégale des diverses parties de la chaudière, lorsqu'elle est soumise à de brusques changements de température. Elles sont en général de peu d'importance et se bouchent rapidement seules par l'oxidation et les incrustations. Il suffit souvent, pour arrêter les fuites qui effrayent d'abord le plus, de mettre, aussitôt qu'on s'en aperçoit, dans la chaudière un peu de farine d'orge non blutée, délayée dans un peu d'eau, ou mieux, de remoulage; le courant entraînera aussitôt cette farine à l'endroit de la fuite, qui se trouvera instantanément bouchée de la manière la plus complète. Si les fuites persistent, il suffit presque toujours pour les arrêter de mater le rivet ou le joint par lequel elles se déclarent. Si les fuites se déclarent aux joints des fermetures autoclaves, il faut se garder de serrer les boulons, le mastic qui a servi à faire ces joints étant durci et ne pouvant être comprimé. On mastique l'endroit où se montre la fuite, et si cela ne suffit pas, on refait la fermeture et les joints à nouveau (18). Toutes nos chaudières ont été essayées avant d'être

expédiées; cependant la trépidation, si grande dans le transport en chemin de fer, agissant sur les rivets et les joints, occasionne presque toujours des fuites qui, se manifestant à la première chauffe, effrayent ceux qui ne sont pas prévenus de cet effet. Il suffit de mettre un peu de remoulage d'orge dans la chaudière, en la garnisssant la première fois, pour que ces fuites disparaissent instantanément. Il faut débarrasser avec soin la grille et le foyer du mâchefer et des scories qui s'y rattachent et la remplacer aussitôt qu'elle est usée.

53. — La visite et le nettoyage des chaudières doit avoir lieu tous les mois ou au moins toutes les six semaines, suivant la pureté et la composition de l'eau employée. Pour bien laver la chaudière, il faut d'abord la remplir complétement d'eau, sous pression, c'est-à-dire avec la pompe (31, 57, 58 et 59); le feu étant éteint sous la pression de deux à trois atmosphères, on arrête la machine, on ferme le robinet J et l'on dévisse le bouchon placé sur le côté de ce robinet. Cette pression fait sortir avec force l'eau, qui entraîne avec elle une grande partie des impuretés que contient la chaudière; on adapte à l'ouverture un tuyau mobile pour projeter l'eau au dehors. Quand la chaudière est vidée, on dévisse le grand tampon autoclave ou trou d'homme Y, puis les petits tampons autoclaves ZZ' placés dans le bas autour de la chaudière (17). On retire toute la vase, et on commence une minutieuse visite des parois intérieures de la chaudière et des bouilleurs, afin de découvrir et de faire disparaître les dépôts de calcaires, les incrustations tartriques qui voudraient se former (64 à 69). On opère alors un rinçage complet à la brosse ou avec des petits grattoirs en fer; et lorsque l'eau sort limpide de la chaudière, le nettoyage est terminé. On replace le bouchon du robinet J, les petits autoclaves ZZ, dont on fait avec soin les joints au minium et tressés de chanvre (18), puis, par l'ouverture de l'autoclave Y, on introduit dans la chaudière de l'eau et les antitartriques qui empêchent l'agrégation des dépôts calcaires et maintiennent les éléments calcaires à un état bourbeux qui les empêche d'adhérer à la chaudière (69). Ceci fait, on replace le tampon autoclave Y dont on fait les joints avec soin (18).

54. — On remplit jusqu'aux deux tiers de la hauteur du tube B la chaudière par l'écrou A (23). On allume son feu. La vapeur

se produit, le manomètre indicateur monte (35); et lorsque la tension est portée à la pression ordinaire, on ouvre le robinet de mise en mouvement E, (30) et l'on met en marche après avoir opéré la purge du cylindre, comme nous l'avons dit, par le robinet V (30).

55. — On peut aussi toutes les semaines rechanger complétement l'eau de la chaudière, en opérant par petites quantités introduites sous pression par la pompe alimentaire et vidée de même par le robinet J (49), ce qu'un chauffeur intelligent fait très bien dans les temps d'arrêt momentané de la machine.

Pompe alimentaire.

56. — La garniture du presse-étoupes de la pompe alimentaire doit être faite avec du chanvre mouillée *dans l'eau* et en mèches souples (31). Il faut éviter avec soin que le piston de cette pompe ne se graisse. Cette graisse viendrait se loger dans les clapets et se coller sur leurs siéges, ce qui empêcherait la pompe de fonctionner. Il faut se méfier de cette cause de dérangement; aussitôt qu'on la soupçonne, il faut fermer le robinet I, puis le robinet J (55), enlever la vis G et tirer les clapets de leur chambre et les essuyer avec soin (31). On s'assure que leurs siéges ne sont pas obstrués par quelques ordures adhérentes. On les nettoie et on remet le tout en place; quand on entend le clic-clac des clapets régulièrement répété, cela indique un bon fonctionnement.

57. — Il faut bien comprendre le jeu du robinet J et se pénétrer de son importance; si on le fermait pendant la marche de la pompe, c'est-à-dire pendant que le robinet I est ouvert, on pourrait occasionner quelques légères avaries en forçant soit la bielle, soit le tuyau de refoulement, qui pourrait se crever (31).

58. — Le bac H où la pompe aspire l'eau chauffée par la vapeur perdue doit toujours être entretenu plein à une hauteur constante; on fait bien pour cela d'y adapter un régulateur automatique ou soupape à flotteur, correspondant à un grand réservoir d'eau (31 et la note).

De l'eau et des antitartriques.

59. — L'eau qu'on emploie doit être l'objet d'une attention et d'une étude particulières. Son degré de pureté et sa composition ont l'influence la plus grande sur la production de la vapeur, la marche de la machine et la durée des chaudières. L'eau distillée est seule réellement pure. Dans la nature, l'eau contient toujours en suspension ou en dissolution une notable quantité de gaz, de sels, de composés alcalins, acides ou terreux, de matières organiques ou inorganiques. L'eau de pluie ou de neige fondue est celle qui se rapproche le plus de l'eau distillée. Suivant la quantité et la nature des matières ainsi mélangées à l'eau, son degré d'ébullition et sa vaporisation seront plus ou moins avancés ou retardés ; il est donc déjà important, au point de vue de chauffage, qu'elle soit pure le plus possible. Sous l'action du calorique, ces matières étrangères se séparant de l'eau, se volatiliseront plus ou moins rapidement, ou, au contraire, se concentreront et formeront au fond de la chaudière des masses boueuses et souvent des dépôts pierreux qui, s'attachant aux parois, iront toujours grossissant. On peut, jusqu'à un certain point, négliger les effets produits par les matières volatiles ; il ne saurait en être ainsi des matières qui forment par la cohésion des dépôts boueux ou pierreux ; il y a danger réel à les laisser accumuler sans les combattre.

60. — Ces dépôts sont boueux ou pierreux, suivant la nature des substances en dissolution ou en suspension dans l'eau, ou, comme l'on dit ordinairement, suivant la nature des eaux. Généralement les eaux des rivières qui coulent dans des terrains d'alluvion cultivés, ou dans des terrains schisteux et argileux, contiennent surtout des matières organiques, de la boue sablonneuse. Les eaux qui traversent les villes dans leurs cours, celles qui reçoivent, soit par infiltration, soit autrement, des eaux vannes provenant des fermes ou d'usines où l'on traite des matières organiques, se chargent toujours de matières grasses et gélatineuses qui donnent des dépôts boueux. Les eaux qui contiennent des matières calcaires, et c'est le plus grand nombre, et des composés susceptibles d'une grande cohésion, forment au fond des chaudières ces couches dures dont l'adhérence est

parfois si grande qu'il faut les enlever au burin. Les eaux crues. dures au goût, celles surtout qui ne disolvent pas complétement le savon, sont fortement chargées de principes calcaires; on n'a pas besoin de recourir à d'autre expérience pour les reconnaître.

61. — L'eau de pluie ou de neige fondue est la plus pure, et, par conséquent, préférable à toutes les autres : son usage ne saurait être trop recommandé. Dans les fermes, dans la plupart des usines, il est facile d'en recueillir, soit dans des citernes, soit dans des réservoirs d'une construction peu dispendieuse, des quantités assez grandes pour l'alimentation constante des chaudières. Les avantages que présentera, d'ailleurs, l'emploi spécial de cette eau dans un grand nombre d'usages domestiques ou d'applications industrielles compensera grandement la dépense d'établissement et d'entretien de ces sortes de réservoirs. Avec elle on n'aura dans les chaudières aucune espèce de dépôt à craindre; l'ébullition et la vaporisation seront normales. Après l'eau de pluie, les meilleures sont les eaux potables les plus douces, les moins chargées de substances étrangères. Entre les eaux simplement boueuses et les calcaires, les premières sont préférables, parce qu'il est plus facile de les purifier et que les dépôts qu'elles forment peuvent être plus facilement expulsés et sont moins dangereux.

62. — Lorsque l'eau est surtout boueuse, on évite en grande partie les dépôts en faisant reposer l'eau d'alimentation dans des réservoirs où se déposent les matières terreuses. On peut même, sans de grands frais, les filtrer en leur faisant traverser une couche de sable. Pour se débarrasser, quand on a pris ces précautions, des boues qui peuvent encore se former au fond des chaudières, il suffit souvent d'ouvrir quelque temps, quand la machine a été arrêtée et lorsque le manomètre marque encore une pression 2 à 3 atmosphères, le bouchon du robinet J et de remplacer en même temps par la pompe d'alimentation l'eau qui jaillira de la chaudière entraînant avec elle la boue qui s'était formée (53). Si le chauffeur néglige d'expulser ces dépôts boueux, ils s'accumulent, forment tous les soirs une épaisse couche au fond de la chaudière, et lorsqu'on refait le feu, le mouvement de l'eau ne pouvant entraîner assez vite ces dépôts de boue, le chauffage est ralenti, et si l'on pousse le feu avec trop de vigueur, on court risque de brûler la chaudière à l'endroit où

l'amas boueux empêche la tôle d'être mouillée par l'eau (51); il faut donc, dans les nettoyages de la chaudière, brosser et racler avec soin les parois du fond où se forment ordinairement ces amas (50).

63. — L'eau contient le plus souvent des matières calcaires, et il est difficile de l'épurer avant d'en alimenter la machine. Les dépôts qu'elles forment par la cohésion s'attachent aux parois de la chaudière et y adhèrent fortement, augmentant sans cesse. Ces dépôts sont souvent réfractaires, ou du moins mauvais conducteurs, de la chaleur qui pénètre alors difficilement jusqu'à l'eau. Sa vaporisation est lente, on veut la hâter en poussant le feu, et non-seulement la consommation du combustible est plus grande, mais les tôles peuvent rougir, et les dépôts se fendillent et permettent à l'eau de venir en contact avec la surface rougie; ils peuvent déterminer ainsi une explosion (37 et sa note). Il importe d'enlever ces incrustations lorsqu'elles existent, et surtout d'empêcher, par l'emploi des matières des incrustantes, la formation de dépôts solides. Le racloir et le burin sont employés pour l'enlèvement de ces dépôts. S'il est impossible de les atteindre, on vide entièrement la chaudière, et, lorsqu'elle est encore chaude, on dirige, à l'intérieur, un jet d'eau froide qui fait fendiler les dépôts et les fait détacher des parois. Mais ce refroidissement subit peut avoir de grands inconvénients; il vaut mieux prévoir et empêcher ces dépôts qu'avoir à en débarrasser la chaudière lorsqu'ils sont formés.

64. — On empêche la formation de ces incrustations en introduisant dans les chaudières des matières qui, s'interposant entre les mollécules calcaires, empêchent leur durcissement, leur adhérence et les entretiennent à l'état boueux, et, au besoin, détachent les dépôts déjà formés. Un grand nombre de matières ont cette propriété : on emploie généralement les raclures des pommes de terre, de betteraves, le son, les copeaux de bois tinctoriaux, plus rarement le suif, les corps gras et le sucre. Les écorces de chêne, les bois tinctoriaux, les débris de vieux cuir jouissent, au plus haut degré, de la propriété d'empêcher et de dissoudre les incrustations calcaires; on obtient aussi de très bons résultats d'un grand nombre de composés dans lesquels il entre des substances alcalines, comme la soude et la potasse. L'argile et le verre pilés sont efficaces, mais entraînés par la

vapeur jusque dans le cylindre, ces matières occasionnent rapidement son usure. On introduit aussi dans la chaudière des cailloux et des tournures de fer qui, par leur mouvement continuel, empêchent l'adhérence; ce moyen offre des inconvients. On forme encore différents composés vendus sous le nom d'antitartriques; c'est ordinairement un mélange d'argile, de sel marin, de sel de soude et de tan desséché. Il faut être sûr de leur composition avant de les employer; on peut les sophistiquer avec des matières inertes ou terreuses, et parfois dangereuses. Pour le choix et l'emploi de ces substances comme antitartriques, pour le mélange qu'on doit en faire, et la quantité qu'on doit en mettre, on doit s'éclairer par l'expérience, tâtonner en commençant, en mêlant toujours des matières féculentes et des substances riches en tanin, comme les pommes de terre et les copeaux de bois tinctoriaux ou d'écorce de chêne; on expérimente ensuite avec les sels de soude ou de potasse et, lorsqu'on a reconnu l'efficacité réelle d'un mélange, on n'en emploie plus d'autre.

65. — Certaines eaux, surtout l'eau de mer et les eaux qu'on puise dans les mines, contiennent des éléments qui attaquent le fer, rongent les parois, les affaiblissent et les usent rapidement. Lorsqu'on soupçonne ou qu'on reconnaît cette action des eaux, le mieux est de s'adresser à un ingénieur des mines, et si, par l'analyse des eaux, il ne reconnait pas leur principe malfaisant et n'indique pas un moyen facile de le combattre, le mieux est de renoncer à leur emploi en cherchant à les remplacer par d'autres.

66. — En résumé, les eaux de pluie, et après elles, les eaux potables les plus douces, les plus pures et les moins calcaires, sont celles qu'on doit surtout rechercher; mais, quelle que soit la nature des eaux qu'on emploie, on ne doit pas oublier que le chauffage de l'eau d'alimentation par la vapeur d'échappement est un des meilleurs moyens d'épuration qu'on puisse employer (31).

Organes du mouvement.

67. — Lorsque la vapeur est formée, elle est prise au haut de la boîte qui la contient par un tuyau qui l'amène aux organes du

mouvement. Ces organes se composent : 1° du tiroir de distribution ou glissière à détente variable ; 2° du cylindre dans lequel se meut le piston sous l'action expansive de la vapeur ; 3° de l'arbre de couche qui reçoit et transmet le mouvement, qui de va et vient est changé par la manivelle de la bieille en mouvement rotatif ; 4° du régulateur à force centrifuge de Watt ; 5° enfin du volant qui, par sa pesanteur et en vertu de la vitesse acquise, annulle l'effet des points morts, qu'occasionneraient la marche du piston, et régularise le mouvement. Pour bien conduire et entretenir ces organes, il faut bien comprendre le rôle spécial de chacun d'eux et le jeu de l'ensemble. Nous allons tâcher de les expliquer en peu de mots.

68. — Tiroir ou glissière de distribution. — Le robinet de mise en marche F étant ouvert, la vapeur arrive dans la boîte à vapeur P', dans laquelle fonctionnent la détente et le tiroir ou glissière, (nous avons expliqué l'action de la détente, 41 et note) pour parvenir dans le cylindre par deux ouvertures pratiquées au haut et au bas et qu'on nomme *lumières*. Ces lumières débouchent dans la boîte sur une surface bien plane sur laquelle se meut une pièce, appelée tiroir ou glissière, en forme de coquille qui, les ouvrant et fermant alternativement, permet de mettre successivement chacune des extrémités du cylindre en communication avec la boîte, et par conséquent à la vapeur d'y pénétrer par la lumière, tandis que l'autre extrémité communique avec le tuyau d'échappement par lequel la vapeur, lorsqu'elle a fonctionné, arrive dans le cendrier ou dans le bac d'alimentation. Le mouvement du tiroir s'obtient par une tige, dont le collier à excentrique s'adapte sur l'arbre de couche, et qui meut par une articulation à rotule le piston du tiroir, lequel glisse dans le stuffing-box P. Pour le tiroir comme pour le régulateur, il faut se borner à entretenir avec soin les garnitures du stuffing-box, à tenir très-propres les articulations et à approvisionner les godets. Il ne faut jamais changer le mouvement du tiroir et se contenter de vérifier si les tiges, les articulations ou la glissière ne se sont pas dérangées de leur position primitive par suite de l'usure ou de quelque accident.

69.—Cylindre.—piston.—Nos cylindres sont à enveloppe extérieure en fonte, dans laquelle circule la vapeur de la chaudière. Cette disposition maintient la température du cylindre et empêche que la vapeur, en se détendant, perde plus de sa pression qu'elle ne le fait par l'expension, car cette pression ou la force élastique de la vapeur diminue rapidement par un faible abaissement de température. Le piston joue dans le cylindre intérieur parfaitement alésé ; c'est lui qui constitue pour ainsi dire l'âme de la machine. En arrivant dans le cylindre, lors de la mise en marche, la vapeur le réchauffe d'abord, une faible partie s'y refroidit et s'y condense. On ouvre un instant le robinet purgeur V, la vapeur condensée ou refroidie en échappe, et elle chasse avec elle l'air que pouvait contenir le cylindre. Par son expansion, la vapeur meut le piston, et exerce sur lui sa pression jusqu'à ce que le jeu du tiroir lui ouvre l'entrée du tuyau d'échappement par lequel elle s'enfuit, tandis que le même mouvement du tiroir a laissé pénétrer dans la partie opposé du cylindre, un nouveau jet de vapeur qui agit sur le piston en sens contraire.

70. — Les pistons sont des organes délicats qui s'usent vite s'ils sont mal construits. Le nôtre est formé de deux plateaux dont l'un est le couvercle et l'autre le corps dans lequel se fixe la tige ; entre ces plateaux, deux anneaux concentriques et fendus, se superposant exactement suivant une coupe elliptique, forment ressort, et leur pression contre les parois du cylindre établit une fermeture hermétique. Cette disposition est la plus simple et la plus solide pour éviter les dérangements et les fuites de vapeur qu'occasionnent la rupture ou l'usure de la plupart des ressorts nombreux et trop faibles qu'on emploie généralement. Le seul entretien qu'il y ait à faire à nos pistons est de garnir soigneusement les stuffings-box, d'approvisionner de suif toujours pur et abondant, le robinet 19, et de le nettoyer tous les quatre ou cinq mois, pour le débarrasser de dépôt ou cambouis qu'aurait pu former le graissage. Si la marche de la machine devient lourde ou difficile, si le tuyau d'échappement, au lieu de cracher la vapeur, la rend par jet continu, on doit soupçonner une fuite. On enlève alors le couvercle du cylindre, on fixe le volant de la machine et on laisse venir la vapeur sous le piston ; on verra ainsi si la fuite existe et à quel endroit elle se trouve ; après avoir nettoyé le piston, on augmente le serrage des ressorts ou on les remplace s'ils sont usés. Lorsqu'un piston fonctionne bien, la paroi intérieure du cylindre est brillante, sans taches ni

rayures. Si les machines doivent cesser de travailler pendant quelque temps, il faut bien graisser l'intérieur du cylindre, afin qu'il ne se rouille pas.

71. — L'ajustage de la tige du piston avec la bielle, et le système des coussinets à cônes qui maintiennent la tige du piston dans ses guides, sont d'une construction particulière qui empêche tout dérangement, il suffit d'un tour donné à l'écrou pour serrer l'ajustage. On ne doit jamais se servir du marteau pour ces articulations, il faut, comme pour les autres, surveiller avec soin le graissage.

72.—Régulateur a force centrifuge.— La régularité et l'égalité de l'action sont aussi importantes dans une machine destinée à faire un travail mécanique que l'intensité de la force. Or, dans une machine à vapeur, le mouvement dépend de la quantité de coups de piston qu'elle frappe dans un temps donné ; et, ceux-ci varient nécessairement selon que le feu est ralenti ou activé dans le foyer, si rien ne vient régler la quantité de vapeur introduite, de manière qu'elle soit toujours la même. C'est pour remédier à cet inconvénient et faire arriver une quantité constamment la même de vapeur dans le cylindre, que Watt a imaginé son gouverneur, ou régulateur à force centrifuge. Il est formé de deux boules attachées à des tringles fixées à charnière, sur un axe mis en mouvement par la machine. Plus la vitesse de la machine est grande, plus les boules s'écartent en vertu des lois de la force centrifuge. En s'écartant, celles-ci entraînent le manchon 17, qui en montant le long de l'axe, fait mouvoir une série de leviers et la tige à douille N, laquelle gouverne une soupape valve ou papillon placée dans le robinet de mise en marche F, qui amène la vapeur de la chaudière au cylindre, et ferme cette soupape en raison de l'écartement des boules ou plutôt de la vitesse qui les met en mouvement. Lorsque cette vitesse devient trop grande, il diminue donc le passage de la vapeur, et il l'agrandit au contraire, lorsque le mouvement se ralentit, ce qui ralentit ou accélère proportionnellement les mouvements de piston. On comprend maintenant comment on peut faire varier la vitesse de nos machines en allongeant ou raccourcissant la tringle N, au moyen de la douille à vis O; mais c'est là, nous le répétons, un moyen dont il faut peu user. Il faut avoir un soin extrême de tenir très-propres toutes les articulations de cet organe d'une action si délicate, de garnir toujours ses godets d'huile et de s'assurer que ses leviers et ses articulations fonctionnent bien sans changer, si ce n'est pour des besoins urgents la longueur de la tringle lorsqu'elle a été une fois réglée.

73. — Quant à l'arbre à couche et au volant, il ne pourrait survenir qu'une rupture au premier, ce qui est presque impossible, dans nos machines cet arbre étant en fer forgé d'une seule pièce. Les paliers en bronze s'usent très peu si on entretient bien le graissage.

74. — En cas de rupture ou d'usure d'une des pièces accessoires d'un des organes de la machine, il suffira de nous envoyer la pièce détériorée, nous en expédierons immédiatement une neuve que le conducteur de la machine n'aura qu'à mettre à la place de la première.

OBSERVATION IMPORTANTE.

En étudiant sérieusement ces quelques instructions, en les suivant exactement, la machine marchera toujours avec régularité et n'exigera jamais de réparations que celles provenant d'une lente usure. La plus grande propreté et les soins réguliers que nous recommandons demandent journellement moins de temps qu'il n'en faut pour lire cette notice. Les quinze ou vingt minutes que met la vapeur à se produire, lorsque le feu est allumé, suffisent grandement aux soins journaliers. On gagne, on décuple le prix de ces soins et de ce temps par l'économie du combustible, la régularité du travail et la durée de la machine, et jamais on n'a à craindre aucun de ces accidents qui tous sont produits par la négligence et la malpropreté des personnes qui conduisent les machines à vapeur.

La personne chargée de conduire une machine doit en étudier intimement le jeu et les dispositions particulières. Elle doit bien se pénétrer de cette vérité qu'on ne saurait trop souvent répéter que, sauf un de ces accidents qu'on ne peut pas prévoir, tous les dérangements, toutes les irrégularités qui arrivent dans le mécanisme ou la marche de la machine, sont le fait de sa négligence ou de son manque de soin, d'attention et de savoir. On a dit avec raison, « qu'on jugeait des qualités et de l'intelligence du chauffeur par la propreté de sa machine, » bien entretenue, elle doit avoir toutes ses parties polies bien luisantes, et ses parties peintes exemptes de tâches. Le chauffeur soigneux, attentif et intelligent, sait qu'en nettoyant constamment toutes les parties de sa machine, il découvrira de suite la moindre cause de dérangement, la moindre trace d'usure et empêchera ainsi la destruction des pièces par les corps étrangers qui s'accumulent avec la graisse durcie dans les joints et augmentent les frottements. Il n'ouvre ni ne ferme jamais brusquement les robinets distributeurs; il met en marche et arrête toujours lentement le mouvement; il fait une étude particulière de la pompe alimentaire, du registre qui gouverne le tirage et du jeu de la détente. Il s'applique à reconnaître la qualité du combustible qu'on met à sa disposition, la composition de l'eau qu'il emploie et les matières antitartriques qui agissent le mieux sur elle. Il dispose ses approvisionnements d'eau et de combustible, ses graisses, ses outils, ses mastics, de manière à avoir le tout sous la main, sans être obligé de chercher, d'attendre ou de s'éloigner pendant un intervalle trop long de la machine qu'il dirige. Son occupation doit être pour lui un devoir et non une tâche maussadement accomplie ; il est au poste d'honneur de lui dépend le travail de l'atelier; sur lui repose la sécurité de ceux qui l'entourent.

DESCRIPTION

SOMMAIRE

DES MACHINES A VAPEUR

HERMANN-LACHAPELLE & CH. GLOVER

Chercher la perfection sans se préoccuper du prix de revient; remédier à tous les défauts justement reprochés aux locomobiles ordinaires; réaliser tous les perfectionnements reconnus désirables par l'expérience et par les hommes les plus compétents, répondre d'une manière pratique à toutes les exigences des industries auxquelles nous nous adressons en appliquant, *le plus possible*, les données de la science théorique : tels sont les principes qui nous ont guidés dans la construction de nos machines, et nous avons obtenu ce résultat :

De livrer à l'industrie et à l'agriculture des machines plus parfaites que celles qui sortent des ateliers des meilleurs constructeurs à des prix relativement inférieurs à ceux des machines construites chez les fabricants les moins scrupuleux.

Ne pouvant donner ici la description détaillée de chacun de leurs organes en particulier ni faire ressortir tous les perfectionnements que nous y avons apportés, nous nous bornerons à signaler les principaux avantages qui distinguent notre système des machines connues jusqu'à ce jour.

Ces avantages consistent dans :

Le peu d'emplacement qu'elles occupent, grâce à leur disposition verticale et à l'agencement particulier de tous les organes sur le socle-bâti ;

La facilité de leur manœuvre et de leur entretien;

La régularité de leur marche ;

nœuvrant le registre, puisse amener l'air sur tous les points de la grille en suffisante quantité pour les besoins de la combustion sans qu'il y ait perte de combustible. Le jet produit dans le cendrier par la vapeur d'échappement donne un tirage suffisant sans avoir recours, comme dans d'autres locomobiles, à un jet direct de vapeur qui occasionne toujours une consommation de vapeur inutile et un sifflement désagréable. La dépense de combustible est très faible (de trois à quatre kilogrammes de houille par heure et par force de cheval); elles brûlent indifféremment du charbon de coke, du bois ou de la tourbe. Les cheminées ordinaires ou un simple tuyau de tôle suffisent au dégagement de la fumée et de la vapeur d'échappement qui s'opère par le même conduit. Quand on chauffe à la houille, la fumée n'est pas plus considérable que celle produite par un fourneau de cuisine.

Le mécanisme moteur et la pompe d'alimentation installés, sur le bâti se recommandent d'abord par la manière simple et heureuse suivant laquelle leurs différents organes sont groupés. On sent la force dans la forme de toutes les pièces, dans leurs articulations simples, nerveuses, et la plupart d'une disposition complètement nouvelle; le meilleur fer, forgé dans nos ateliers, s'y trouve partout où il a été possible de l'employer, l'acier et le bronze forment presque toutes les parties susceptibles de fatigue ou d'usure.

Les colonnnes du bâti supportent à l'extérieur :

1°.Celle de droite, les organes mécaniques du mouvement soumis à la force expansive de la vapeur;

2° Celle de gauche, la pompe alimentaire et son mouvement;

3° L'entablement est surmonté d'un cercle en fonte dans lequel est adapté le régulateur à force centrifuge dit pendule de Watt.

4° Les coussinets de l'arbre moteur, qui fonctionne au-dessus de l'entablement, sont portés par les chapiteaux en tête des deux colonnes; le volant est à gauche faisant équilibre aux pièces du mouvement placées à droite.

Quatre écrous, un à la base de chaque colonne et un à chaque chapiteau, suffisent pour réunir les emboîtages et fixer de la manière la plus solide les quatre pièces en fonte de ce bâti.

Ces machines ont l'immense avantage d'être à petite vitesse, ce qui permet d'en augmenter facilement la puissance. Au-dessus de la force de deux chevaux, elles sont pourvues d'une détente variable à cadran, fonctionnant à la main : son effet est si sensible et si instantané qu'il suffit d'agir sur le levier pour introduire la vapeur dans le cylindre à plein orifice, ou pour l'arrêter complétement et avec elle tout son mouvement. On peut, avec son aide, diminuer ou augmenter la force de la machine, sans que, dans aucun cas, le piston, lorsqu'il arrivera à l'extrémité de sa course, produise ni le moindre choc ni le moindre ébranlement. Son rôle est purement économique ; on peut la régler en pleine pression et pendant la marche de la machine ; elle ne doit servir que dans le cas où, ayant besoin d'une force moindre, on veut réduire la dépense du combustible en raison directe de l'effet à produire.

La disposition verticale a permis d'appliquer les grands et vrais principes de Watt et de Wolff, c'est-à-dire une grande course du piston dans le cylindre et une grande longueur de bielles. Aussi la marche de la machine s'opère-t-elle d'une manière régulière, sans bruit, sans trépidation et, par conséquent, sans ces chocs brusques et violents, ces frictions fréquentes qui, dans les machines horizontales ou à mouvements raccourcis, absorbent une partie de la force et provoquent des dérangements fréquents, une prompte usure bientôt suivie d'une dislocation générale.

Chaque partie des organes du mouvement mériterait une minutieuse description. Le cylindre est à enveloppe à circulation de vapeur *fondu d'une seule pièce* ; il est disposé de façon qu'il n'y ait qu'une seule douille à remplacer en cas d'usure. Le piston, au lieu d'être pourvu de deux ou trois petits anneaux brisés, d'un ressort trop faible, d'une dilatation inégale et demandant à être remplacés au moins tous les deux mois, n'a qu'un seul anneau brisé formé par deux cercles concentriques et juxta-posés suivant une coupe elliptique, de manière que l'épaisseur la plus grande de l'un corresponde à la partie la moins épaisse de l'autre, et que la puissance élastique de chacun d'eux s'équilibre ainsi à chaque point de jonction. Cet anneau, de quatre centimètres de largeur en moyenne et d'un et demi d'épaisseur, dure à l'infini; se dilatant également sur tous les points, il établit une fermeture complétement hermétique et remédie à tous les frottements et aux perturbations qu'occasionnent, dans le jeu du piston par leur rupture ou leur dilatation inégale les anneaux ordinairement employés.

La tige du piston en acier est d'une longueur et d'une force normale; elle n'a jamais à supporter l'action excentrique de la bieille. Elle est guidée dans le plateau du cylindre formant directrice et alézée parallèlement avec le cylindre, sans jamais dévier de la verticale dans ses guides toujours maintenues par des coussinets mobiles en bronze, d'une disposition de serrage particulière, en cas d'usure. Son ajustage avec les bieilles est surtout remarquable. L'essieu ou axe en acier qui les réunit est de forme conique et s'emboîte dans un second cône creux mobile en bronze, à sommets opposés, qui supporte tout le frottement et l'usure et empêche toute espèce de choc. Le serrage est à vis, et il suffit pour l'opérer de serrer deux simples écroux; il se fait de la manière la plus exacte et la plus solide. Ce même système de serrage a été substitué partout aux clavettes, si faciles à déranger. On a ainsi évité l'emploi du marteau, dont le choc toujours pernicieux, même lorsqu'il est manié par un mécanicien, devient désastreux et peut suffire pour occasionner un dérangement considérable des organes lorsqu'il est manœuvré par une main inhabile ou inexpérimentée.

Ce système d'articulation et de serrage n'a qu'un tort :

c'est d'exiger de la part du constructeur des soins et des frais de main-d'œuvre devant lesquels la plupart reculeront. Qu'importe, pour le plus grand nombre des perfectionnements qui demandent un surcroît de dépenses et passent souvent inaperçus de l'acheteur, qui ne regarde que le bon marché, sans s'informer comment on l'a obtenu et sans se douter des qualités qu'on sacrifie à ses exigences.

L'arbre moteur, *forgé* D'UNE SEULE PIÈCE, fonctionne dans deux coussinets en bronze très écartés et surmontant les deux colonnes. A son extrémité de droite se trouve l'excentrique de distribution, la manivelle recevant la bielle motrice correspondant au piston, et le collier d'excentrique en bronze qui donne le mouvement au tiroir de distribution par une longue bielle *à articulation à* ROTULE SPHÉRIQUE. A l'autre extrémité se trouve le collier d'excentrique de la pompe alimentaire et le volant, puis la poulie motrice de transmission.

Au-dessous du volant se trouve adaptée sur la colonne la pompe d'alimentation entièrement en bronze, à clapets et siéges circulaires, système très simple et fonctionnant très régulièrement, commandée, comme le tiroir, par une longue tige à articulation à ROTULE SPHÉRIQUE, articulation qui joint à une extrême solidité l'avantage d'éviter tout frottement.

Un bac placé derrière la chaudière et supporté par les rebord du bâti sert à la pompe de réservoir d'alimentation; l'eau en séjournant y est chauffée de 70 à 80 degrés par la vapeur d'échappement, ce qui économise le combustible et maintient une plus grande régularité dans la production de la vapeur, sans nuire en rien au bon fonctionnement de la pompe.

Le régulateur à force centrifuge, ou *gouverneur* à pendule de Watt, est mis en mouvement par l'arbre moteur au moyen d'un engrenage hélioïde. Les extrémités de son arbre vertical qui sert d'axe moteur aux boules métalliques attachées à l'extrémité des deux leviers mobiles fonctionnent entre deux pivots, et sont supportées par le diamètre d'un cercle en fonte qui repose sur l'entablement du bâti et sert de couronnement à l'ensemble de la machine. Il gouverne par une longue tige à douille le papillon ou valve en bronze qui règle l'arrivée de la vapeur dans le tiroir.

Aucun soin n'est négligé dans le choix des métaux et dans les constructions pour rendre ces machines les plus parfaites possibles. Le fini des détails est si grand, la précision de l'ajustement si rigide, le jeu de chaque organe et ses rapports avec l'ensemble si bien calculés qu'il suffit d'un quart d'atmosphère de tension pour que la machine se mette en mouvement et fonctionne sans charge. En réglant d'un quart de tour environ la clef du robinet d'alimentation, on met la pompe en mouvement et son travail se continue régulier et sans interruption.

La théorie indique souvent certains perfectionnements, ou prescrit des dispositions qui ne sauraient-être exécutées dans la pratique. Les savants qui, dans leur cabinet, tracent les programmes à remplir par le mécanicien et lui donnent des plans où tout repose sur les formules mathématiques, savent fort bien qu'il y a loin de la science pure à la science appliquée, que celles-ci doivent se plier à des nécessités qui échappent aux prévisions du théoricien, et que bien autre chose est de faire un instrument destiné à figurer dans un cabinet de physique et une machine destinée à faire son service journalier, sous la direction d'un ouvrier qui n'a qu'un apprentissage souvent insuffisant pour tout savoir professionnel. Solidité de l'appareil, simplicité de la manœuvre, régularité de la marche, facilité d'entretien et puissance de travail effectif, telles sont les conditions essentielles imposées au constructeur par l'expérience journalière et auxquelles il doit parfois sacrifier certaines prescriptions théoriques. Mais il faut savoir repousser ce que beaucoup regardent comme des nécessités commerciales, et ne faire jamais d'une négligence un moyen de succès.

La Société d'encouragement nous félicitait un jour, que quelques-uns de nos appareils avaient été accidentellement amenés à fonctionner devant elle, « sur l'élégance, le fini et la parfaite exécution de toutes les pièces, conditions qu'on trouve bien rarement réunies dans des machines ou des appareils d'une construction courante ; » pour nous, nous le déclarons hautement, parce que c'est notre conviction profonde, nous ne comprenons le succès et la réputation d'une maison que par la perfection de ses produits et la loyauté de ses transactions. Notre signature et notre marque de fabrique nous paraissent des garanties assez sérieuses pour ne les apposer que sur des produits dont de sérieux essais et de nombreuses manœuvres nous ont démontré les qualités. Les fortes remises qu'on donne aux intermédiaires, nous les employons en main-d'œuvre ; elles représentent le fini de notre travail. Le commissionnaire trouve chez nous les mêmes prix que l'acquéreur direct. Nous perdons peut-être ainsi quelques affaires, nous y gagnons des clients sûrs, et nous sommes encore à répondre à une réclamation au sujet des machines ou appareils que nous avons livrés depuis la fondation de notre maison. Dans toutes les expositions où nous avons paru, les premières récompenses nous ont été accordées. A l'Exposition universelle de Londres, l'emplacement qui nous avait été accordé, occupé par nos autres appareils, nous laissait à peine un coin obscur disponible pour y placer, presque cachée, une machine à vapeur de la force d'un cheval ; elle y était perdue, écrasée par tout ce qui l'entourait, cependant le Jury international sut la découvrir et l'apprécier. C'est la seule machine à petite vitesse qui réponde au programme qu'il trace dans ses comptes-rendus, la seule machine verticale de ce genre qu'il ait jugé digne d'une récompense.

La série de ces machines s'étend depuis la force d'un cheval jusqu'à celle de 8 chevaux-vapeur. Fixes ou portées sur un train de roues, elles sont applicables à toute espèce d'industrie.

Deux raisons puissantes doivent toujours déterminer à choisir une machine d'une force supérieure à celle dont on a besoin. Il en est en effet d'une machine comme d'un cheval, si on lui demande immédiatement tout l'effort dont il est capable, la fatigue et l'usure arrivent vite; si la tache est au contraire facile pour ses forces, il l'accomplit avec aisance, régularité et nul dérangement n'est possible. Quant à la dépense en combustible, elle sera toujours en raison du travail effectif, quelle que soit la puissance absolue de la machine. Une industrie progresse d'ailleurs lorsqu'on met à son service des agents ou un matériel plus perfectionné. La différence de prix sera donc une dépense insignifiante, si on la compare à ce qu'elle serait si plus tard il fallait acquérir un moteur plus puissant.

Tout a été combiné dans la construction de nos machines pour qu'elles puissent être installées, dirigées et entretenues par les personnes les plus étrangères à la mécanique. Dans les petites forces, quand elles sont portées sur train de roues, elles sont, pour un seul homme, très faciles à déplacer et à conduire; un cheval suffit pour conduire les plus fortes, ce qui lui permet de rendre de grands services dans les ateliers mobiles, les travaux agricoles, l'épuisement des eaux, les irrigations, etc. Une pompe fixe d'épuisement ou refoulante peut être adaptée sur la colonne du bâti de gauche et fonctionner à côté de la pompe d'alimentation. Cette disposition est des plus favorables dans tous les travaux qui intéressent le régime des eaux. Plusieurs de ces appareils de notre système et de la force de quatre chevaux fonctionnent dans les domaines du vice-roi d'Egypte, au bord du Nil, et débitent en irrigations de 40 à 50,000 litres par heure. Nous avons cru devoir mentionner cette application à cause de la disposition complémentaire qu'offre la pompe et des nombreux services qu'elle peut rendre.

Quoi de plus commode et de plus utile que ce moteur facile à installer partout dans un emplacement restreint et toujours prêt à donner son travail dès que le besoin l'exige? Pour le constructeur, elles servent au battage des pieux, aux manœuvres des broyeurs à mortiers, à l'élévation des matériaux, etc., etc. Dans les docks, les entrepôts, sur les ports, elles desserventles grues et les machines qui hissent, pèsent et déplacent les marchandises; elles donnent le mouvement aux scies circulaires ou à lame sans fin qui débitent le marbre ou le bois, soit à l'atelier, soit dans les chantiers; à la ferme, elles manœuvrent les batteuses, les dépulpeurs, les haches-paille, posent les drains, tournent la meule, arrosent le pré aujourd'hui, labourent le champ demain, et ce ne sont là que quelques-unes des applications que leur trouve l'industrie humaine, les moindres que leur prépare l'avenir.

PRIX DES MACHINES PRISES EN MAGASIN

Munies d'un bout de cheminée portant le registre, de deux ringards, d'une pelle, d'une burette et des clefs pour les écrous.

NUMÉROS ou MAXIMUM DES FORCES en chevaux-vapeur	PRIX			EMPLACEMENT		POIDS	VITESSE	RAYON	DIAMÈTRE
	Fixes ou demi-fixes	Sur roues et sur chariots	Approximatif des emballages	Surface carrée	Hauteur du sol à l'axe	en KILOG.	— Nombre de tours	du volant en centimètres	des cheminées en centimètres
Avec modérateur 1	1800	2080	40	0.90	1.45	800	125	0.45	0.15
Id. 2	2400	2800	56	1.00	1.60	1200	115	0.50	0.15
Avec modérateur et détente variable 3	2900	3300	75	1.10	1.70	1500	100	0.60	0.20
	»	»	»	»	»	»	»	»	»
Id. 4	3400	4000	95	1.25	1.90	2000	95	0.70	0.20
	»	»	»	»	»	»	»	»	»
Id. 6	4500	»	125	1.40	2.20	3000	85	0.90	0 25
	»	»	»	»	»	»	»	»	»

TABLE ANALYTIQUE ET ALPHABETIQUE

Les numéros placés entre parenthèses désignent les paragraphes; ceux qui sont précédés d'un *p*, les pages.

Paris — Typ. Kugelmann, 13, rue de la Grange-Batelière.

www.ingramcontent.com/pod-product-compliance
Lightning Source LLC
LaVergne TN
LVHW012005160826
845678LV00002B/690

* 9 7 8 2 3 2 9 6 7 5 3 0 5 *